高等院校数字化融媒体特色教材

动物科学类创新人才培养系列教材

动物解剖学
实验指导

主　编　李　剑

副主编　李　健　张自强　曹　静

主　审　陈耀星

ZHEJIANG UNIVERSITY PRESS

浙江大学出版社

高等院校数字化融媒体特色教材
动物科学类创新人才培养系列教材

《动物解剖学实验指导》
编审人员

主　编　李　剑（浙江大学）

副主编（按姓氏笔画排序）

　　　李　健（河南科技大学）

　　　张自强（河南科技大学）

　　　曹　静（中国农业大学）

主　审　陈耀星（中国农业大学）

编　者（按姓氏笔画排序）

　　　王全溪（福建农林大学）

　　　白志坤（东北农业大学）

　　　李　剑（浙江大学）

　　　李　健（河南科技大学）

　　　杨　娜（沈阳农业大学）

　　　张自强（河南科技大学）

　　　曹　静（中国农业大学）

　　　董玉兰（中国农业大学）

　　　靳二辉（安徽科技学院）

高等院校数字化融媒体特色教材
动物科学类创新人才培养系列教材
出版说明

调动学生学习的主动性、积极性、创造性，重视学生能力的培养是当今教学改革的主旋律。教材是实施教学的依据和手段。作为教材，不仅要传授最基本、最核心的理论知识，更重要的是应努力教给学生如何提高各种学习能力，包括自学能力（查阅文献资料能力）、科学思维能力（分析、综合、想象和创造能力）、动手能力（实验设计和基本操作能力）和表达能力（语言、文字、图表及整理统计能力）等。

为适应教学改革的需要和学科发展，《动物科学类创新人才培养系列教材》编委会组织一批学术水平高、实践经验丰富的专业教师，经过几年的教学实践和专题研究，编写了这套教材。

本系列教材紧跟动物科学、动物医学研究进展，围绕应用型专业培养目标，体现"三基"（基本方法、基本操作、基本技能）、"五性"（创新性、科学性、先进性、启发性、实用性）原则。编写时以整合创新、注重能力培养为导向，有所侧重、有所取舍地介绍了各门课程的最新发展成果。实验教材，结合科研实际详细叙述了有关实训项目的基本原理、操作方法、注意事项及思考题，高标准、严要求，为开展进展性、启发性个案教学服务，以培养学生的创新、探究能力。理论教材，以基本理论为基础，以问题为主线，力求将最新科研成果（如动物基因工程、胚胎移植、动物营养调控等）、教学经验编入其中，通过对问题的思索和讨论，启发学生的思维，激发学生的学习兴趣，加深对基本原理与知识点的理解，以拓展学生的视野，提高科研创新与实际应用的能力。注重建立以学生为主体、教师为主导的新型教学关系,促进学生从记忆型、模仿型学习向思考型、创新型、探究型学习转变,为终身学习打下坚实的基础。

知识点呈现深入浅出,表达形式活泼。利用"互联网＋"教育技术建设"立方书"教学平台,以嵌入二维码的纸质教材为载体,将教材、课堂、教学资源三者融合,实现线上线下结合的教学模式,读者只要用手机扫描"二维码",就可以随时随地学习和查阅,做到边学习、边操作,给人以形象生动、易学易懂的直观感受。

首批 14 种教材,包括《动物遗传学》(英文版)、《动物病理学》、《蚕丝与蚕丝蛋白》、《茧丝加工学》、《生物材料学》、《水产动物养殖学》、《动物分子生物学实验指导》、《畜产品加工实验指导》、《动物解剖学实验指导》、《兽医寄生虫学实验指导》、《动物营养学实验指导》、《家畜组织学与胚胎学实验指导》、《兽医药理学实验指导》和《消化道微生物学实验指导》。

本套教材适合作为动物科学、动物医学、食品科学与工程、动物养殖、水产养殖、动物检验检疫、食品加工和贸易等专业的教材,也可作为科研人员实验指导书以及从业人员的继续教育教材。

在教材陆续出版之际,感谢为该套教材编写和出版付出辛勤劳动的教师和出版社的工作人员,并恳请读者和教材使用单位多提批评意见和建议,以便今后进一步修订完善。

《动物科学类创新人才培养系列教材》编委会

前　言

　　国内常见的动物解剖学实验教材主要以马、牛、羊和猪等大动物为对象,而当前的宠物医疗行业则对小动物解剖学知识产生了迫切需求。为此,本教材以犬为主要实验对象,通过指导学生在犬尸体标本上对各器官进行解剖,让学生可以很好地从整体和局部了解动物器官的位置、形态、构造以及相互关系。此外,为了让学生的学习更具系统性,本教材在每个实验的末尾还对其他主要家畜动物与犬的解剖学差异进行横向比较。

　　为了调动读者的学习兴趣,摆脱“解剖学枯燥难学”的误解,本教材各实验设置了“生活中的解剖学”部分,通过讲述生活中与各实验内容有关的趣味事例,让读者对解剖学产生浓厚兴趣,并能在生活中主动应用解剖学知识。另外,本书还通过在各实验设置“填图练习”充分调动读者的学习主动性。

　　为了充分利用互联网通信手段提高教学效果,增加本教材的实用性,本书对部分内容配备了教学视频,并制作了二维码,另外,许多网络资源有很高的教学价值,我们列出了部分网站的地址,也制作了二维码,读者只要用手机扫描二维码,就能在线学习。

　　本教材由全国知名院校从事动物解剖学或临床兽医学教学的一线教师编写完成,他们是浙江大学李剑(实验一、实验十、实验十三、实验十五)、中国农业大学曹静(实验三、实验十二)、董玉兰(实验十四),河南科技大学李健(实验四、实验五)、张自强(实验六)、东北农业大学白志坤(实验二)、沈阳农业大学杨娜(实验八、实验九)、福建农林大学王全溪(实验十一)以及安徽科技学院靳二辉(实验七)。

　　全书的修订工作由浙江大学李剑、中国农业大学曹静、河南科技大学李健和张自强完成。最后,中国农业大学陈耀星教授对本书进行了全面审定,并提出宝贵意见。在此,对上述全体编写人员和审校人员致以衷心的感谢。

　　由于编者水平有限,错误和欠妥之处恳请读者、同行以及前辈们批评指正。

李　剑

2016 年 10 月

目　录

实验一　犬的灌流固定

一、实验目的

(1)掌握动物灌流固定的方法。

(2)制备犬标本,供本课程各实验使用。

二、实验内容和实验方法

(一)犬的麻醉

用速眠新(0.8ml/kg 体重)对犬进行肌肉注射,待犬麻醉后(约 30min)对其四肢和口鼻部进行固定。

(二)右颈总动脉的暴露

(1)将麻醉后的犬向左侧卧,在右侧颈部寻找颈静脉沟。

(2)在颈静脉沟附近用毛剪清理术部,切开皮肤(注意:避免切破颈外静脉),暴露颈静脉沟,在颈静脉沟背侧钝性分离颈部肌肉直至触及气管。

(3)在气管的背外侧可触及明显搏动的右颈总动脉,用手指将其拉出。

(4)将与右颈总动脉伴行的迷走交感干及颈内静脉分开,用血管夹将右颈总动脉的近心端和远心端夹住,将两血管夹之间的动脉用剪刀做一斜行切口,插入玻璃导管并用棉线固定。

(三)放血

将右颈总动脉近心端的血管夹松开,动脉血即从玻璃导管放出直至血液流尽(在此过程中,可在玻璃导管外接一短橡胶管以控制血流方向,以免血液四处喷溅)。在放血过程中可按压胸腔,加快血流的速度。

(四)甲醛灌流

(1)在血液即将流尽时,将 4%甲醛溶液(约 4L)经玻璃导管(已插入右颈总动脉)灌入。在灌流过程中可松开固定的四肢和口鼻部,让犬保持正常姿势,以便后期解剖操作。

(2)待犬全身僵硬,甲醛自口鼻流出(约 1h),即可停止灌流;将动脉切口的两端结扎,在体表喷洒 4%甲醛溶液后用塑料薄膜将尸体包裹,保存于阴凉干燥处。

三、生活中的解剖学

（一）生物塑化技术

生物塑化技术是目前世界上最先进的生物标本保存技术，该技术可使标本的表面保持其原有状态，并可在显微镜下观察细胞的结构。该技术的基本原理是利用负压将尸体组织内的液体置换成硅橡胶或环氧树脂等活性高分子多聚物。生物塑化技术的四个基本步骤如下：

（1）固定：尸体用 20％甲醛溶液灌流固定，并在真空装置里放置至少 4 个月。

（2）脱水和脱脂：在低温真空条件下用丙酮置换甲醛，用丙酮充当脱水剂、脱脂剂和中介溶剂。

（3）强制浸渗：真空条件下，用硅橡胶、环氧树脂等多聚物替换组织中的丙酮。

（4）聚合：采用气体、光线或加热等方法将标本中的多聚物聚合。

（二）骨架标本的制作过程

在生命科学相关专业的教学中常用到骨骼标本，这些精美的骨骼标本是如何得到的呢？骨骼标本的制作一般包括以下步骤：

（1）选材：选取体形正常、结构完整的新鲜脊椎动物作为实验材料，动物不宜过小，因为太小的动物骨骼可能未发育完全，而且会影响标本美观；也不宜过大，因为将太大的动物制成骨骼标本需要较长的时间，制作难度大，而且成本会成倍增加。

（2）处死动物：处死动物的方法主要有①窒息死亡，如鸟类等小型哺乳动物；②麻醉死亡，如主要家畜动物。另外可使用自然死亡的动物。

（3）剔除肌肉：依次去除皮肤及其附属物、去除动物内脏、粗剔大块肌肉以及精剔较小的肌肉。

（4）腐蚀：选择大小合适的塑料槽，倒入适量 0.4％～0.8％氢氧化钠溶液，将剔除肌肉的骨骼放入其中，确保溶液完全浸没骨骼。约 3 个月后取出骨骼，剔除腐肉，清洗并烘干。

（5）脱脂：将烘干后的骨骼放入有机溶剂（如汽油、二甲苯等）中浸泡，约 1 周后取出，在通风柜中吹干。

（6）漂白：将骨骼浸入 1％～2％过氧化氢溶液中，待骨骼洁白时取出（约 1 周），用清水冲洗干净并烘干。漂白的具体时间要依据过氧化氢的浓度、温度和标本的大小等因素而定，若漂白时间过长，骨骼表面常形成小洞；若漂白时间过短，骨骼常常发黄或变黑。

（7）成型与装架：一般在骨骼完全晾干后进行，但完全晾干后会变得僵硬，不易造型，因此应在骨骼柔软时定型与装架。

（8）骨骼标本：注明骨骼名称、作者和制作时间。

实验二 骨

一、实验目的

(1)掌握犬头骨的构造。

(2)掌握犬椎骨的一般特征以及各段椎骨的形态特点。

(3)掌握真肋、假肋和浮肋的区别。

(4)掌握犬前、后肢骨的形态特点及其相互联系。

(5)了解犬与其他主要家畜动物骨的差异。

二、实验内容和实验方法

(一)犬头骨的观察

犬的头骨由**颅骨**(Skull)和**面骨**(Facial bone)两部分构成。其中,颅骨构成颅腔、眼、耳和鼻的保护壁,面骨构成鼻腔、口腔和面部的支架。参与构成头骨的诸骨之间借纤维结缔组织相连,称**纤维连接**(Fibrous joint),头骨之间的纤维连接又称**骨缝**。幼年动物的头骨之间可观察到明显骨缝,骨缝随动物年龄的增长而逐渐发生骨化,且不再具有活动性。

1. 颅骨

在左、右眼眶之后,沿头部正中线切开头部皮肤(在耳根处做一环切),并将皮肤向两侧掀开,清理皮下结缔组织与肌肉,完全暴露颅骨。颅腔由 10 枚颅骨构成,可将颅腔假想为一正方体进行如下观察:

(1)构成颅腔后壁的扁骨为**枕骨**(Occipital bone)。在枕骨中央可观察到枕骨大孔,其为脊髓与脑联系的通道;在枕骨大孔两侧可观察到枕骨髁,枕骨髁与寰椎构成**寰枕关节**(Atlanto-occipital joint);在左、右枕骨髁的外侧可分别观察到**颈静脉突**。

(2)构成颅腔顶壁的扁骨有左、右**顶骨**(Parietal bone),左、右**额骨**(Frontal bone)和**顶间骨**(Interparietal bone,图 2-1)。

(3)构成颅腔前壁的扁骨为**筛骨**(Ethmoid bone)。筛骨是颅腔与鼻腔的分界,嗅神经从此处穿入颅腔。

(4)构成颅腔底壁的骨为**蝶骨**(Sphenoid bone,图 2-2)。

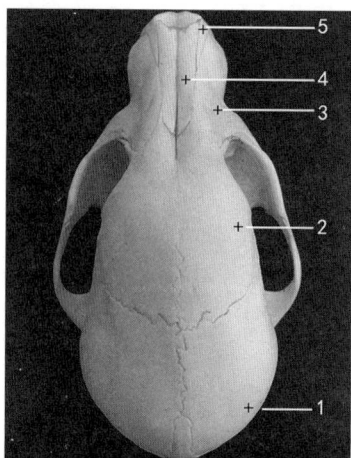

图 2-1　犬头骨背侧面
1.顶骨　2.额骨　3.上颌骨
4.鼻骨　5.切齿骨

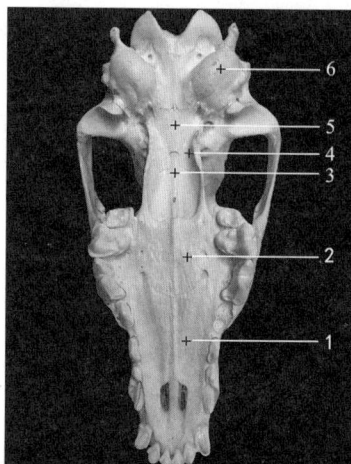

图 2-2　犬头骨腹侧面
1.上颌骨　2.腭骨　3.犁骨
4.翼骨　5.蝶骨　6.颞骨岩部

（5）构成颅腔左、右侧壁的扁骨为左、右**颞骨**（Temporal bone，图 2-3）。

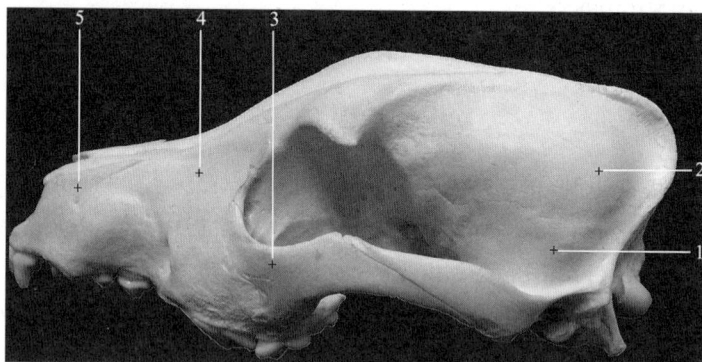

图 2-3　犬头骨左侧面
1.颞骨　2.顶骨　3.颧骨　4.上颌骨　5.切齿骨

2. 面骨

在左、右眼眶之前，沿固有鼻腔背侧正中线切开皮肤（在口裂周围做一环切），并将皮肤向两侧掀开，清理皮下结缔组织与肌肉，完全暴露面骨。面部由 21 枚面骨构成。

（1）构成鼻腔侧、底壁和口腔上壁的有左、右**上颌骨**（Maxillary bone），在其骨体上可观察到白齿齿槽。

（2）构成鼻腔侧、底壁和口腔上壁前部的为左、右**切齿骨**（Incisive bone，图 2-1，图 2-3），在其骨体上可观察到切齿齿槽。

（3）构成鼻腔顶壁的为左、右**鼻骨**（Nasal bone，图 2-1）。

（4）位于上颌骨后背侧以及眼眶底的为左、右**泪骨**（Lacrimal bone）。

（5）构成眼眶下界的为左、右**颧骨**（Zygomatic bone），其前接上颌骨，颧骨的颞突和颞骨的颧突形成颧弓（图 2-3）。

(6)构成鼻后孔的侧壁和硬腭后部的为左、右**腭骨**(Palatine bone),其位于上颌骨内侧后方(图 2-2)。

(7)位于鼻后孔两侧的为左、右**翼骨**(Pterygoid bone,图 2-2)。

(8)位于鼻腔底壁正中的为**犁骨**(Vomer,图 2-2)。

(9)位于固有鼻腔侧壁的两对卷曲薄骨片为**鼻甲骨**(Nasal conchae bone),其将每侧鼻腔分为上、中、下三个鼻道。

(10)构成口腔底部支架的是**下颌骨**(Mandible),其包括下颌骨体和下颌支。在下颌骨体上可观察到前部的切齿齿槽和后部的臼齿齿槽;下颌支上部的下颌髁与颞骨的髁状关节面构成**颞下颌关节**(Temporomandibular joint),后者是头部唯一可动关节。

(11)在下颌间隙后部可观察到的几枚小骨片为**舌骨**(Hyoid bone),其有支持舌根、咽和喉的作用。

(二)犬躯干骨的观察

犬的躯干骨包括**椎骨**(Vertebra)、**肋**(Rib)和**胸骨**(Sternum)。

1. 椎骨

椎骨可分为颈椎、胸椎、腰椎、荐椎和尾椎(图 2-4)。椎骨一般由腹侧的**椎体**(Vertebral body)和背侧的**椎弓**(Vertebral arch)构成,两者之间围成的孔为**椎孔**(Vertebral foramen),椎孔前后贯穿成**椎管**(Vertebral canal)。椎弓上有**横突**(Transverse process)、**棘突**(Spinous process)和前、后**关节突**(Articular process)。椎体之间借纤维软骨(椎间盘)相连,又称**软骨连接**(Cartilaginous joint);相邻关节突之间借关节囊相连;棘突或横突间借**棘上韧带**(Supraspinous ligament)或**横突间韧带**(Intertransverse ligament)相连。

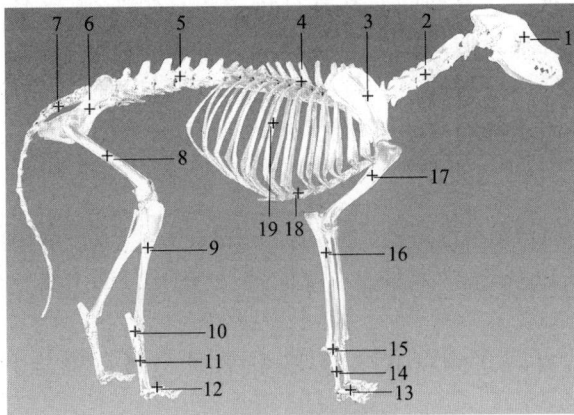

图 2-4 犬全身骨

1.头骨 2.颈椎 3.肩胛骨 4.胸椎 5.腰椎 6.髋骨 7.尾椎 8.股骨 9.后脚骨 10.跗骨
11.跖骨 12.趾骨 13.指骨 14.掌骨 15.腕骨 16.前臂骨 17.肱骨 18.胸骨 19.肋骨

(1)犬共有 7 枚颈椎(Cervical vertebrae)。其中,**第 1 颈椎**又称**寰椎**(Atlas),由背侧弓和腹侧弓构成,前有成对关节窝,后有鞍状关节面,两侧有发达的寰椎翼,寰椎与枕骨之间构成**寰枕关节**;**第 2 颈椎**又称**枢椎**(Axis),棘突发达,前端腹侧有齿状突,横突小,枢椎与寰椎共同构成**寰枢关节**（Atlantoaxial joint）；**第 3～6 颈椎**，横突分前、后两支，在横突基部可观察到横突孔；**第 7 颈椎**，棘突明显，椎窝两侧有与第 1 肋骨成关节的关节面。

（2）犬有 12～14 枚**胸椎**（Thoracic vertebrae），不同品种犬的胸椎数目有所不同，多数犬的胸椎数目为 13 枚。胸椎具有椎体的一般构造，但其典型特征为棘突发达且横突短，在椎头和椎窝的两侧有前、后肋窝分别与肋骨小头成**肋头关节**（Costal head joint），横突上有小关节面与肋结节成**肋横突关节**（Costotransverse joint）。肋头关节和肋横突关节合称**肋椎关节**（Costovertebral joint）。

（3）犬共有 7 枚**腰椎**（Lumbar vertebrae）。腰椎具有椎体的一般构造，但其典型特征为横突特别发达，形似"飞机"，所有腰椎共同构成腹腔的顶壁。

（4）犬共有 3 枚**荐椎**（Sacral vertebrae），成年后各荐椎愈合成一块荐骨，构成骨盆腔顶壁。第 1 荐椎椎体腹侧前端的突出部称荐骨岬；棘突愈合成荐骨正中嵴；荐骨的背侧和盆腔面各有四个孔，分别称荐背侧孔和荐盆侧孔，是血管和神经进出椎管的通路。

（5）犬有 20～23 枚**尾椎**（Coccygeal vertebrae），不同品种犬的尾椎数目变化较大。除前 3～4 枚尾椎具有椎体一般构造外，其余尾椎的椎弓、棘突和横突逐渐退化，仅保留椎体部分。

2. 肋

肋包括肋骨和肋软骨。左右成对，数目与胸椎相同（12～14 对）。肋骨近端与胸椎通过**肋椎关节**相连，肋骨远端与肋软骨相连，肋软骨和胸骨之间借**肋胸关节**（Costosternal joint）相连。

（1）在胸壁前部可观察到**真肋**的肋软骨直接与胸骨相连，犬约有 9 对真肋。

（2）在胸壁后部可观察到**假肋**借助肋软骨连于前一肋的肋软骨上。

（3）在胸壁与腹壁交界处可观察到**浮肋**的肋软骨不与其他肋相连。

（4）最后肋骨与各假肋的肋软骨连成弓状，称**肋弓**。

3. 胸骨

构成胸廓底壁的骨性结构为**胸骨**（Sternum），其由 6～8 枚胸骨节片借软骨连接而成。

（1）在胸骨的前端可观察到胸骨柄，胸骨柄与第一对肋和第一胸椎共同构成**胸腔前口**。

（2）在胸骨的后端可观察到剑状软骨，剑状软骨与最后胸椎和肋弓共同构成**胸腔后口**。

（3）胸骨节片之间借**软骨连接**相连，在胸骨节片两侧可观察到肋窝与真肋的肋软骨相连。

（三）犬前肢骨的观察

前肢骨包括肩带部骨和游离部骨。完整的**肩带部骨**由**肩胛骨**（Scapula）、**锁骨**（Clavicle）和**乌喙骨**（Coracoid）构成，但因家畜动物四肢运动单纯化，其乌喙骨和锁骨均已退化，仅存肩胛骨。**游离部骨**包括**肱骨**（Humerus）、**前臂骨**（Skeleton of forearm）和**前脚骨**（腕骨、掌骨、指骨和籽骨）。

1. 肩胛骨

（1）在前肢最上方可观察到的三角形扁骨为**肩胛骨**。

（2）在肩胛骨的外侧面可观察到的纵行隆起为**肩胛冈**（图 2-5），供斜方肌和三角肌等附着。

（3）在肩胛冈远端可观察到一明显突出的结构，称**肩峰**，供肩胛横突肌附着。

（4）在肩胛冈前方可观察到**冈上窝**，供冈上肌附着。

（5）在肩胛冈后方可观察到**冈下窝**，供冈下肌附着。

（6）在肩胛骨内侧面上部可观察到的粗糙面为**锯肌面**，供腹侧锯肌附着。

（7）在肩胛骨内侧面中下部可观察到的凹窝为**肩胛下窝**，供肩胛下肌附着。

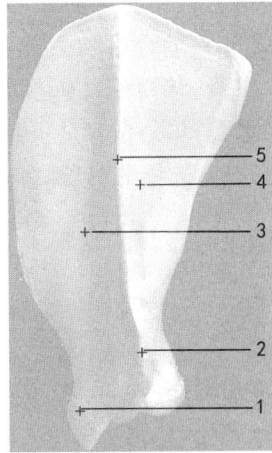

图 2-5　犬肩胛骨

1.肩胛结节　2.肩峰　3.冈上窝
4.冈下窝　5.肩胛冈

（8）在肩胛骨远端可观察到的球形凹陷为**肩臼**，其与肱骨近端的肱骨头构成**肩关节**（Humeral joint）。

（9）在肩臼前方可观察到的突出结构为**肩胛结节**，供臂二头肌附着。

（10）在肩胛结节的内侧面可观察到的突起为**喙突**，其为乌喙骨退化的遗迹，供喙臂肌附着。

2. 肱骨

（1）在肱骨近端可观察到的球状关节面为**肱骨头**，其与肩臼构成肩关节。

（2）在肱骨近端可观察到内侧的**小结节**和外侧的**大结节**，两者主要供冈上肌、冈下肌和肩胛下肌附着。同时，大结节与小结节之间的深沟为**肱二头肌沟**，供肱二头肌腱通过。

（3）在肱骨中段可观察到内侧的**大圆肌粗隆**和外侧的**三角肌粗隆**，分别供大圆肌和三角肌附着。

（4）在肱骨远端可观察到**肱骨内**、**外侧髁**。髁间的凹陷为**肘窝**，肱骨远端与桡骨头和尺骨头共同构成**肘关节**（Elbow joint）。

3. 前臂骨与前脚骨

（1）**前臂骨**包括**桡骨**（Radius）和**尺骨**（Ulna），两者之间可观察到较大的间隙，称为前臂骨间隙。尺骨比桡骨长，尺骨近端突出部为**鹰嘴**，鹰嘴结节供臂三头肌和前臂筋膜张肌附着；桡骨远端与近列腕骨参与构成**腕关节**（Carpal joint）。

（2）**前脚骨**包括**腕骨**（Carpal bone）、**掌骨**（Metacarpal bone）、**指骨**（Digital bone）和**籽骨**（Sesamoid bone）。

（3）**腕骨**位于前臂骨和掌骨之间，分近、远两列。近列有3枚，包括中间桡腕骨、尺腕骨和副腕骨；远列有4枚，包括第1、2、3、4腕骨（图2-6）。近列腕骨与桡骨远端构成的**桡腕关节**、相邻腕骨之间构成的**腕间关节**以及远列腕骨与掌骨近端构成的**腕掌关节**合称腕关节（Carpal joint）。

（4）**掌骨**：从内向外依次为第1、2、3、4、5掌骨（图2-6）。

（5）**指骨**：每一指骨从上到下依次是**近指节骨（系骨）、中指节骨（冠骨）**和**远指节骨（蹄骨）**，但第1指仅2节（图2-6）。

（四）犬后肢骨的观察

与前肢相比，后肢在动物机体运动过程的任务似乎更加简单，但其承担大部分体重并参与构成骨盆，故后肢与躯干的连接更加紧密。后肢骨包括**髋骨**（Hip bone）、**股骨**（Thigh bone）、**膝盖骨**（Kneecap）、**小腿骨**（Skeleton of leg）和**后脚骨**（包括跗骨、跖骨、趾骨和籽骨）。

1. 髋骨

（1）**髋骨**由成对的**髂骨**（Ilium）、**坐骨**（Ischium）和**耻骨**（Pubis）结合而成（图2-7）。在幼年动物的髋骨上还能观察到髂骨、坐骨和耻骨间的软骨连接（图2-7），骨间的软骨随年龄增长而逐渐发生骨化。

（2）在左、右侧髋骨，背侧的荐骨和前几枚尾椎以及左、右侧荐结节阔韧带之间可观察到的空腔为**骨盆**（Pelvis）。

（3）在髋骨外侧中部可观察到髂骨、坐骨和耻骨在结合处形成的深杯状结构为**髋臼**，后者与股骨头成**髋关节**（Hip joint）。

（4）在骨盆腹侧正中线上可观察到两侧髋骨在骨盆中线处以软骨连接形成**骨盆联合**。

2. 股骨

（1）在**股骨**近端内侧可观察到的球状关节面为**股骨头**，其与髋臼成髋关节，股骨头中央有一凹窝，称头窝，供圆韧带附着。

（2）在股骨近端外侧可观察到的粗大突起为**大转子**，其供臀中肌和臀深肌等后肢肌肉的附着。

（3）在股骨骨干中段内侧可观察到的嵴为**小转子**，其供髂肌和腰大肌等肌肉的附着。

（4）在股骨远端前部可观察到**滑车关节面**，其与膝盖骨成**股膝关节**（Femoropatellar joint）。

（5）在股骨远端后部可观察到的两个球状关节面为**股骨内、外侧髁**，其与胫骨近端的内、外侧髁成**股胫关节**（Femorotibial joint）。股膝关节与股胫关节合称**膝关节**（Stifle joint）。

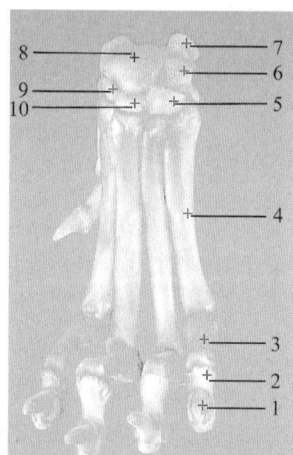

图2-6　犬前脚骨

1.远指节骨　2.中指节骨
3.近指节骨　4.掌骨
5.第4腕骨　6.尺腕骨
7.副腕骨　8.中间桡腕骨
9.第2腕骨　10.第3腕骨

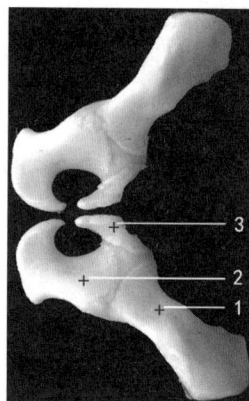

图2-7　幼犬髋骨

1.髂骨　2.坐骨　3.耻骨

3.膝盖骨

(1)**膝盖骨**又称**髌骨**,其前方粗糙,供阔筋膜张肌和股四头肌附着。膝盖骨后方光滑,与股骨滑车关节面成股膝关节。

(2)在膝盖骨与胫骨之间可观察到三条**膝直韧带**(Patellar retinacula),即膝外侧直韧带、膝中间直韧带和膝内侧直韧带,在膝盖骨与股骨之间可观察到**内侧副韧带**和**外侧副韧带**。

(3)切断上述五条韧带,掀开膝盖骨,在股骨与胫骨之间可观察到两个半月状软骨板,即为**半月板**,半月板可使股骨和胫骨相互吻合。

(4)在股胫关节中央可观察到**前交叉韧带**(Cranial cruciate ligament)和**后交叉韧带**(Caudal cruciate ligament),因形似"十"字,故又称十字韧带。

4.小腿骨和后脚骨

小腿骨包括**胫骨**(Tibia)和**腓骨**(Fibular)。

(1)在形态上,可观察到胫骨为三棱柱状长骨。

(2)在胫骨近端可观察到的两个球状关节面为**胫骨内、外侧髁**,其与股骨远端的内、外侧髁成股胫关节。

(3)在胫骨远端可观察到**螺旋状滑车**,后者与距骨成关节。

(4)在胫骨外侧可观察到**腓骨**,腓骨近端为粗大的腓骨头,远端细小。

(5)**近列跗骨**(Tarsal bone)有 2 枚,内侧是距骨,外侧是跟骨,跟骨近端为粗大的**跟结节**。跟结节供股二头肌、半腱肌、腓肠肌和趾浅屈肌附着。这四块肌肉的肌腱组成**跟总腱**(Common calcaneal tendon)。

(6)**中列跗骨**仅有 1 枚中央跗骨。

(7)**远列跗骨**有 4 枚,分别是第 1、2、3、4 跗骨(图 2-8)。

(8)由小腿骨远端、跗骨近端和距骨近端共同构成的单轴复关节即为**跗关节**(Tarsal joint)。

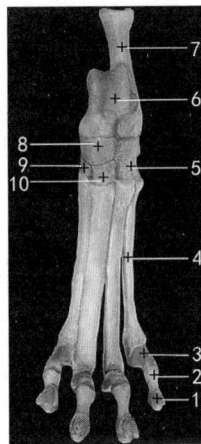

图 2-8　犬后脚骨

1.远指节骨　2.中指节骨
3.近指节骨　4.距骨
5.第 4 跗骨　6.距骨
7.跟骨　8.中间跗骨
9.第 2 跗骨　10.第 3 跗骨

(9)**跖骨**(Metatarsal bone)、**趾骨**(Digital bone)和**籽骨**(Sesamoid bone)类似于前肢的掌骨、指骨和籽骨(图 2-8),趾关节包括系关节、冠关节和蹄关节。犬缺第 1 趾骨。

(五)其他主要家畜动物与犬骨的比较

1.椎骨

不同动物各段椎骨的数量略有差异。表 2-1 是各种主要畜禽动物椎骨数量的比较。

2.腕骨和掌骨

不同动物的腕骨和掌骨的构造略有差异。表 2-2 是各种主要畜禽动物腕骨和掌骨构造的比较。

表 2-1　各种主要畜禽动物的椎骨数量比较

	颈椎	胸椎	腰椎	荐椎	尾椎
牛	7	13	6	5	18～20
羊	7	13	6～7	4	13～24
猪	7	13～16	5～7	4	20～23
马	7	18	5～7	5	15～21
犬、猫	7	12～14	7	3	20～23
兔	7	12	7	4	10
鸡	13～14	7	腰椎、荐椎和尾椎共11～14枚,发育过程中愈合成一块"腰荐骨"		

表 2-2　各种主要畜禽动物腕骨和掌骨构造比较

		腕骨		掌骨
		近列	远列	
一般构造		桡腕骨 中间腕骨 尺腕骨 副腕骨	第1腕骨 第2腕骨 第3腕骨 第4腕骨	第1掌骨 第2掌骨 第3掌骨 第4掌骨 第5掌骨
特殊构造	犬	桡腕骨与中间腕骨合并为中间桡腕骨	同一般构造	第3、4掌骨最长,第2、5掌骨较短,第1掌骨最短
	牛羊	同一般构造	缺第1腕骨,第2、3腕骨合并	第3、4掌骨合并为大掌骨,第5掌骨退化为小掌骨,第1、2掌骨缺失
	马	同一般构造	第1、2腕骨合并	仅第3掌骨发育,第2、4掌骨退化为小掌骨,第1、5掌骨缺失
	猪	同一般构造	同一般构造	第3、4掌骨最长,第2、5掌骨较短,第1掌骨缺失

三、生活中的解剖学

(一)腰椎间盘突出

腰椎间盘突出症又称腰椎纤维环破裂症。两个椎体之间的关节盘(椎间盘)起稳定脊柱、缓冲震荡的作用。每个椎间盘由纤维环(位于外周)、髓核(位于中央)和软骨板(位于上、下面)三部分组成。由于年龄增长、劳累或腰扭伤而引起椎间盘内、外压力失衡并导致腰椎纤维环破裂,髓核突出,并压迫椎管内神经根、血管、脊髓或马尾所致的一系列临床症状即为腰椎间盘突出症。视椎间盘突出的程度可选择非手术疗法和手术疗法进行治疗。

(二)落枕

落枕又称失枕,指颈部一侧的肌肉因睡枕高低不适、睡眠姿势不良或感受风寒而发生痉挛,从而导致颈部疼痛,功能活动受限的疾病。症状轻者数日内可自愈,重者可数周不愈。发生落枕后可请家人在身后按揉颈部两侧肌肉以及肩胛部肌肉以缓解不适感。

(三)类风湿关节炎

类风湿关节炎是一种以慢性多关节炎为主要表现的全身性自身免疫性疾病。炎症主要发生于关节滑膜,其次为浆膜、心、肺、血管、眼、皮肤、神经等结缔组织。一般认为本病为多种因素诱发的自身免疫反应,且女性较男性多发。病因大致包括遗传、细菌或病毒感染、糖皮质激素分泌减少以及关节滑膜受到不明原因刺激等。该病处于活动期时的治疗应以休息为主,同时结合少量运动,治疗原则为缓解疼痛,防止或矫正畸形,控制炎症和全身症状,恢复和改善功能;稳定期的治疗则应由休息为主转变为以运动为主。

(四)痛风性关节炎

高尿酸血症是痛风性关节炎的重要标志,这是一种忽发忽愈的慢性无菌性关节炎。痛风性关节炎是嘌呤代谢障碍(尿酸是人类嘌呤代谢的终产物)致使尿酸盐沉积在关节囊、滑膜囊、软骨、骨质、肾脏等而引起病损与炎症反应的一种疾病,临床表现为关节剧烈疼痛、红肿与发热。从病理变化上看,痛风完全是由尿酸盐在组织中沉积造成的。原发性痛风与家族遗传有关,继发性痛风可由肾脏病、心血管病、血液病等引起。本病如早发现早治疗,则预后较好,但患者在饮食上应禁食高嘌呤和高核酸食物、长期服用小剂量秋水仙;该病处于急性期时应卧床休息并进行局部固定冷敷(24h 后可热敷,并大量饮水)。

(五)膝关节的力学稳定性问题

膝关节是动物或人体最大、最复杂、功能要求最高的关节,承受了动物体的绝大部分体重,但是其周围没有复杂的肌肉维持膝关节的稳定。那么,膝关节是如何维持其稳定性的呢?膝关节的稳定由周围软组织来维持,包括前十字韧带、后十字韧带、内侧副韧带、外侧副韧带、膝直韧带以及关节囊等。前十字韧带的作用是防止胫骨相对于股骨向前位移,后十字韧带的作用是防止胫骨相对于股骨向后位移。膝关节两侧有内、外侧副韧带,两者增强了膝关节两侧的稳定性。膝直韧带维持了膝盖骨与胫骨之间的稳定性。此外,关节腔内的滑液可维持膝关节静态与动态稳定性。当膝关节完全伸直时,关节将发生扣锁以获得最大的关节稳定性。当膝关节过度屈曲时,十字韧带的制导作用同样也能增加关节稳定性。

四、填图练习

请分别写出图甲、图乙和图丙中数字所指示结构的名称。

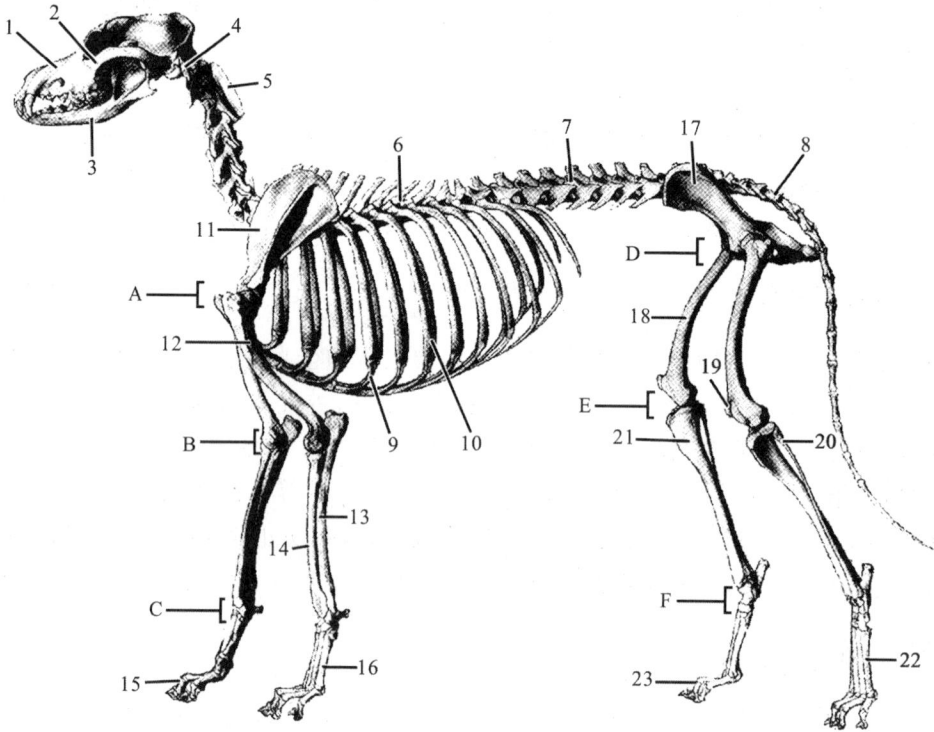

甲

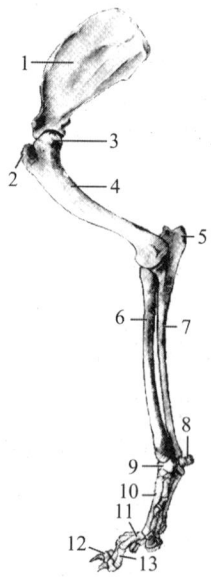

乙

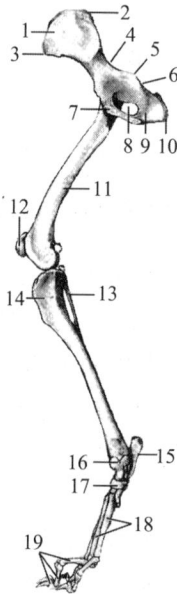

丙

实验三　头部肌和躯干肌

一、实验目的

（1）掌握肌器官的构造。

（2）掌握犬头部肌的位置、起止点和作用。

（3）掌握犬躯干肌的位置、起止点和作用。

（4）了解犬与其他主要家畜动物头部肌与躯干肌的差异。

二、实验内容和实验方法

（一）犬头部肌肉的观察

沿下颌间隙中线切开皮肤，至头颈交界处做一环切，然后向两侧剥离皮肤并向背侧掀起。在口鼻边缘留 $0.5\sim1$cm 的皮肤带，围绕眼和耳根部做一个环形切口，也留下一个 $0.5\sim1$cm的皮肤带。注意：在剥离皮肤时不要损伤皮下的皮肌及鼻唇提肌等，小心清理皮下结缔组织和筋膜。头部肌分为面部肌、咀嚼肌和舌骨肌。

1. 面部肌

面部肌位于口腔和鼻腔周围，包括鼻唇提肌、犬齿肌、上唇提肌、下唇降肌、口轮匝肌和颊肌。

（1）在鼻孔外侧、上唇到额骨与鼻骨交界处可观察到**鼻唇提肌**（Nasolabial levator muscle），鼻唇提肌的肌腹分深、浅两部，作用为上提上唇与开张鼻孔。

（2）在鼻唇提肌深、浅两部之间可观察到**犬齿肌**（Canine muscle），其作用是开张鼻孔。

（3）同样，在鼻唇提肌深、浅两部之间可观察到**上唇提肌**（Levator muscle of upper lip），其作用是上提上唇。

（4）在上、下唇周围可观察到环状的**口轮匝肌**（Orbicular muscle of mouth），其作用是控制上、下唇的运动。

（5）构成口腔侧壁的肌肉为**颊肌**（Buccinator muscle），其参与吸吮和咀嚼等动作。

（6）在颊肌下缘到下唇之间可观察到**下唇降肌**（Depressor muscle of lower lip），其作用是控制下唇的运动。

2. 咀嚼肌

（1）根据作用效果，**咀嚼肌**可分为闭口肌（咬肌、翼肌和颞肌）和开口肌（枕颌肌和二腹肌)。

(2)在下颌支的外侧面可观察到发达的**咬肌**(Masseter muscle),咬肌属闭口肌(图 3-1)。

(3)在下颌骨内侧面到蝶骨和翼骨之间可观察到**翼肌**(Pterygoideus muscle),翼肌属闭口肌。

(4)在颞窝到下颌骨冠状突之间可观察到**颞肌**(Temporal muscle),颞肌属闭口肌(图 3-1)。

(5)在枕骨颈静脉突到下颌支后缘之间可观察到**枕颌肌**(M. occipitomandibularis),枕颌肌属开口肌。

(6)在翼肌内侧面的颈静脉突到下颌骨下缘内侧面之间可观察到**二腹肌**(Digastric muscle),二腹肌属开口肌。

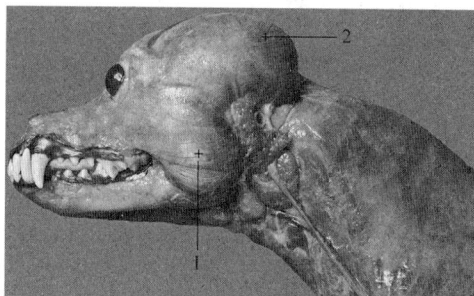

图 3-1　犬头部肌

1.咬肌　2.颞肌

3.舌骨肌

舌骨肌是指附着于舌骨的肌肉,主要包括**下颌舌骨肌**(Mylohyoid muscle)和**茎舌骨肌**(M. stylohyoideus)。

(二)犬躯干肌肉的观察

沿颈腹侧正中线、胸腹部腹侧正中线做前后走向的切口,将胸腹部皮肤沿腹正中线剥离,并向背侧翻掀,剥离时勿伤及皮肌,在浅筋膜中观察皮肌的走向。将浅筋膜及皮肌剥离并向背侧翻转,暴露浅层肌肉。躯干肌包括脊柱肌、颈腹侧肌、胸廓肌和腹壁肌。

1.脊柱肌

脊柱肌指支配脊柱活动的肌肉,分为脊柱背侧肌群和脊柱腹侧肌群。

(1)在脊柱两侧可观察到的全身最长肌肉为**背腰最长肌**(Dorsal longest muscle,图 3-2)。

(2)在背腰最长肌的腹外侧可观察到彼此平行排列的斜形小肌束,即为**髂肋肌**(Iliocostal muscle,图 3-2),其起于髂骨、止于所有肋骨后缘和后 4 枚颈椎横突,有伸腰背与协助呼吸等作用。

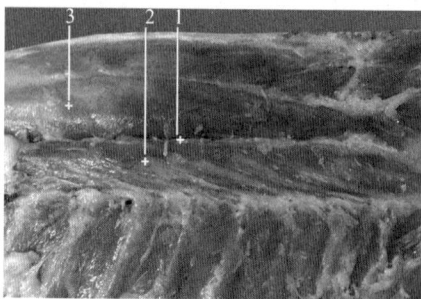

图 3-2　犬脊柱背侧肌

1.髂肋肌沟　2.髂肋肌　3.背腰最长肌

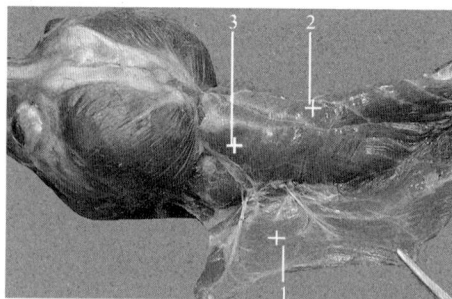

图 3-3　犬颈部肌

1.颈斜方肌　2.头半棘肌　3.夹肌

（3）在背腰最长肌与髂肋肌之间能触及一浅沟，即为**髂肋肌沟**（图 3-3），内有针灸穴位。

（4）在两侧颈部皮下浅层可观察到的三角形肌肉为**夹肌**（Splenius muscle，图 3-3），其单侧收缩可侧偏头颈，双侧收缩可抬头。

（5）将夹肌切断，在其深部可观察到**头半棘肌**（Semispinal muscle of head，图 3-3）和**颈多裂肌**（Cervical multifidus muscle），两者主要参与头颈的运动。

（6）在颈后部的腹外侧可观察到**斜角肌**（Scalene muscle），其主要作用为向前牵引肋以协助呼吸，膈神经在其表面穿过，臂神经丛从其间穿过。

（7）在腰椎椎体腹侧，可观察到两条纵行的肌肉，称**腰小肌**（Minor psoas muscle，图 3-4），其主要作用是屈腰和下降骨盆。

（8）在腰小肌外侧能观察到宽扁纵行肌肉，即**腰大肌**（Major psoas muscle，图 3-4），其与髂肌合并为髂腰肌，共同止于股骨小转子，其作用为屈髋关节。

（9）在腰大肌深面的腰椎横突腹侧观察到的肌肉为**腰方肌**（Lumbar quadrate muscle），其作用为屈腰与固定腰椎。

2. 颈腹侧肌

颈腹侧肌包括**胸头肌**（Sternocephalic muscle）、**胸骨甲状舌骨肌**（Sternothyrohyoid muscle）和**肩胛舌骨肌**（Omohyoid muscle）。

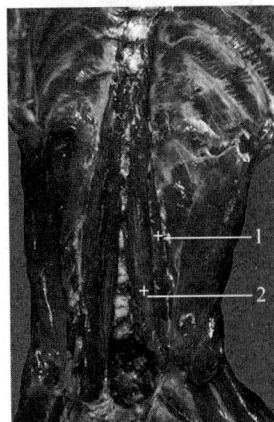

图 3-4　犬腰部肌
1.腰大肌　2.腰小肌

（1）在颈腹侧可观察到的长带状肌肉为**胸头肌**（图 3-5），其起于胸骨柄，分浅、深两部分别止于颞骨乳突（胸乳突肌）和枕嵴（胸枕肌），作用是屈头颈。胸头肌与臂头肌分别构成颈静脉沟的下界和上界。

（2）在气管腹侧可观察到的扁平带状肌肉为**胸骨甲状舌骨肌**（图 3-5），其起于胸骨柄，分内、外两支分别止于舌骨（胸骨舌骨肌）和甲状软骨（胸骨甲状肌），作用是向后牵引舌和喉。

（3）在臂头肌深面可观察到的薄带状肌肉为**肩胛舌骨肌**，其起于肩胛下筋膜，止于舌骨体，构成颈静脉沟的沟底，作用为向后牵引舌和喉。

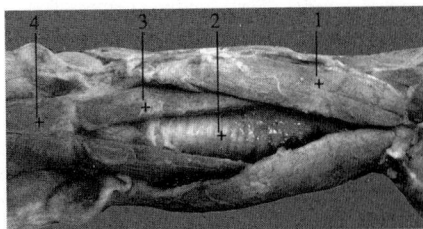

图 3-5　犬颈部腹侧肌
1.胸头肌　2.气管　3.胸骨甲状舌骨肌　4.舌

3. 胸廓肌

胸廓肌位于胸侧壁和胸腔后壁，作用是参与呼吸运动，据其功能可分为吸气肌和呼气肌。

（1）在相邻两肋骨之间的胸壁浅层可观察到**肋间外肌**（External intercostal muscle，图 3-6）。肋间外肌起自前一肋骨后缘，斜向后下方止于后一肋骨前缘，其主要作用是向前牵引肋骨，扩大胸腔，引起吸气。

（2）选择任一肋间外肌，沿肋骨前缘切开肋间外肌，在其深面可观察到肌纤维走向与之相反的肌肉，为**肋间内肌**（Internal intercostal muscle，图 3-6）。肋间内肌起自后一肋骨和肋软骨前缘,向前下方止于前一肋骨后缘,其主要作用是向后牵引肋骨,缩小胸腔,引起呼气。

(3)在胸壁前上部,以及背腰最长肌表面能观察到几片薄肌,边缘呈锯齿状,称**前背侧锯肌**(Cranial dorsal serrate muscle),其主要作用是向前牵引肋骨,扩大胸腔,引起吸气。

(4)在胸壁后上部,以及背腰最长肌表面同样也能观察到几片薄肌,边缘呈锯齿状,称**后背侧锯肌**(Caudal dorsal serrate muscle),其主要作用是向后牵引肋骨,缩小胸腔,引起呼气。

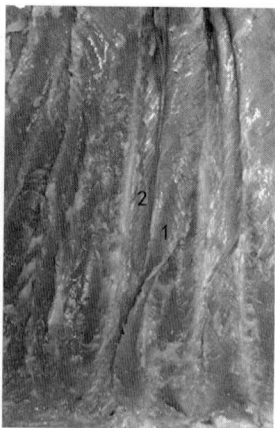

图 3-6　犬肋间肌
1.肋间外肌　2.肋间内肌

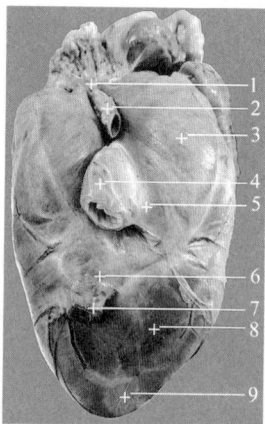

图 3-7　犬膈
1.主动脉裂孔　2.主动脉　3.膈脚　4.食管　5.食管裂孔
6.后腔静脉裂孔　7.后腔静脉　8.中心腱　9.肉质缘

(5)在胸腔底壁可观察到的薄板状肌为**膈**(Diaphragm,图 3-7),其呈圆拱形凸向胸腔,是胸腔和腹腔的分界。在膈上可观察其结构特征为"中心腱,肉质缘",肉质缘的大部分附着于肋弓和剑状软骨背侧面,同时,有一部分肉质缘附着于前 4 枚腰椎腹侧并增厚形成**左、右膈脚**。在左、右膈脚之间可观察到**主动脉裂孔**和**食管裂孔**,在中心腱上可观察到**后腔静脉裂孔**,分别供主动脉、食管和后腔静脉通过。

4.腹壁肌

腹壁肌为构成腹侧壁和腹底壁的肌肉。

(1)沿腹底壁正中线切开腹壁皮肤并向背侧掀起,在腹底正中线可观察到左、右两侧腹壁肌以腱质相连,形成**腹白线**。

(2)在腹壁最浅层可观察到肌纤维由前上方斜向后下方的肌肉,为**腹外斜肌**(External oblique abdominal muscle),该肌起始于第 5 至最后肋骨的外侧面,止于腹白线。腹外斜肌的筋膜自髋结节至耻前腱变厚,称**腹股沟韧带**。

(3)沿腹白线切开腹外斜肌并向背侧掀起,暴露出**腹内斜肌**(Internal oblique abdominal muscle),可观察到腹内斜肌起始于髋结节并斜向前下方止于耻前腱、腹白线和最后几枚肋软骨内侧面。

(4)在腹白线两侧可观察**腹直肌**(Straight abdominal muscle),其为一宽带状肌肉,起始于胸骨和肋软骨,以耻前腱止于耻骨,其上有数条横向腱划将肌纤维分为数段。

（5）在腹壁最内层可观察到**腹横肌**（Transvers abdominal muscle），其肌纤维起自腰椎横突，止于腹白线。

（6）在腹底壁后部，耻前腱两侧，可观察到腹外斜肌与腹内斜肌之间的斜行裂隙，称**腹股沟管**（Inguinal canal）。公犬的腹股沟管明显（图 3-8），是胎儿时期睾丸下降的通道，内有精索、总鞘膜、提睾肌和脉管通过，而母犬的腹股沟管不明显，仅供血管和神经通过。

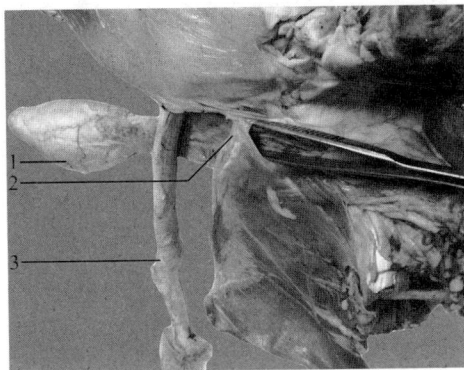

图 3-8　犬腹股沟
1.睾丸　2.腹股沟管　3.阴茎

（三）其他家畜动物与犬肌肉的比较

1. 髂肋肌

不同动物髂肋肌的起止点略有差异。

（1）牛：髂肋肌起于腰椎横突末端和后 8 枚肋的前缘，止于所有肋骨后缘和第 7 颈椎横突。

（2）马：髂肋肌起于腰椎横突末端和后 15 枚肋的前缘，止于所有肋骨后缘和第 7 颈椎横突。

（3）犬：髂肋肌起于髂骨，止于所有肋骨后缘和第 4～7 颈椎横突。

2. 斜角肌

依动物种属的不同，构成脊柱腹侧肌的斜角肌由 2～3 块肌肉构成。

（1）猪和反刍动物：斜角肌由背斜角肌、腹斜角肌和中斜角肌 3 部分组成。

（2）马：无背斜角肌，仅有腹斜角肌和中斜角肌。

（3）肉食动物：无腹斜角肌，仅有背斜角肌和中斜角肌。

3. 胸头肌

牛和犬的胸头肌起点均为胸骨柄，但止点略有差异。

（1）牛：胸头肌止点分深、浅两部，浅部止于下颌骨下缘，称胸下颌肌，深部止于颞骨，称胸乳突肌。

（2）犬：胸头肌止点分深、浅两支，一支止于颞骨乳突，称胸乳突肌，另一支止于枕嵴，称胸枕肌。

4.上唇提肌

上唇提肌是面部肌群中最为强大的一块肌肉,起自内眼角,但动物种属不同其终止位置有别。

(1)肉食动物和反刍动物:上唇提肌止于鼻孔外侧壁及上唇。

(2)马:双侧的上唇提肌共同形成一个宽的纵韧带,止于上唇中间部。

(3)犬:上唇提肌较小,起自上颌表面,在眶下孔的后腹侧以一放射状细腱止于鼻孔外侧壁及上唇。

(4)猪:上唇提肌位于犬齿窝内,止于吻骨吻端。

三、生活中的解剖学

(一)为什么会打嗝?

打嗝即呃逆,不能自主控制,是由于膈肌痉挛引起肺的迅速扩张,空气被迅速吸入肺内,同时声门裂骤然收窄,从而引起急而短促的声响。健康人的打嗝多由于进食过快或过饱、摄入的食物过热或过冷以及饮酒等引起,此外,外界温度变化和过度吸烟亦可引起。

发生打嗝时可通过以下方法缓解:

(1)打喷嚏止嗝法;

(2)大量饮用热水,因胃离膈肌较近,喝入的温水可从内部温暖膈肌,从而缓解膈肌痉挛,实现止嗝;

(3)进食时发生打嗝可暂停进食,同时深呼吸,缓解膈肌痉挛。

(二)什么是饱嗝?

嗳气俗称打饱嗝、饱嗝。人在进食或喝水时会吞入气体,这些吞入的气体与食物消化产生的气体在向上通过咽时会发出声响,即为饱嗝。这一过程是正常生理现象,能自主控制。

(三)什么是岔气?

岔气是指在体育运动,特别是跑步中,胸肋部因痉挛而产生的疼痛。岔气在运动停止后会自然消失,腹部按摩、缓慢深呼吸或腹式呼吸能加速其缓解。引起岔气的原因可能有:

(1)在剧烈运动之前,准备活动不足导致呼吸肌因缺氧而发生痉挛;

(2)在运动中剧烈呼吸引起呼吸肌的紧张而导致痉挛;

(3)大量出汗引起体内氯化钠含量过低而引起呼吸肌痉挛。

(四)膈疝

膈疝指腹腔内脏器通过天然或外伤性横膈裂孔突入胸腔,是一种对动物生命具有潜在威胁的疝病,疝内容物以胃、小肠和肝脏多见。若进入胸腔的腹腔脏器少,则一般不表现明显临床症状；当进入胸腔的腹腔脏器较多时，便对心、肺产生压迫，引起呼吸困难等现象。

膈疝的发病原因包括先天性和后天性两种。先天性膈疝是由于膈的先天性发育不全或缺陷，腹腔脏器在腹内压增大时突入胸腔；后天性膈疝多由外界因素（如车辆撞击或钝性击打）引起腹内压异常增大而造成横膈破裂，最终导致腹腔脏器突入胸腔。

四、填图练习

请在以下骨骼模式图上绘制胸廓肌。

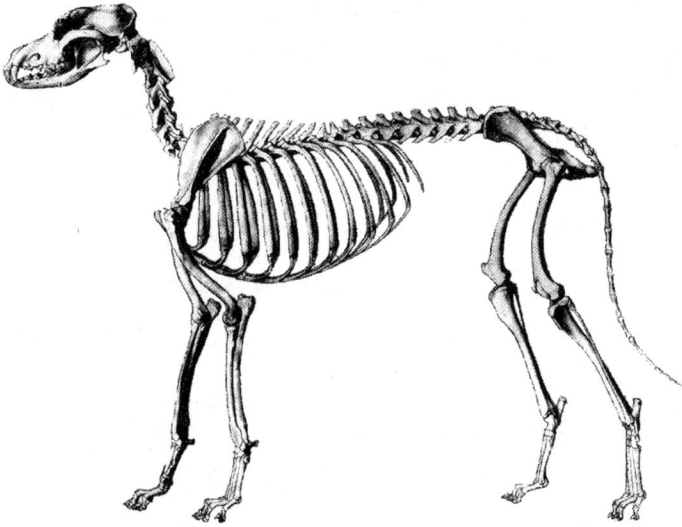

实验四　四肢肌肉

一、实验目的

(1)掌握犬前肢肌的位置、起止点和作用。

(2)掌握犬后肢肌的位置、起止点和作用。

(3)了解犬与其他主要家畜动物四肢肌肉的差异。

二、实验内容和实验方法

(一)犬前肢肌肉的观察

沿前肢内侧正中线切开皮肤,至腕部做一环切,钝性分离前肢皮肤,清理肌肉表面的筋膜和脂肪,暴露前肢肌肉。前肢肌肉可分肩带肌、肩部肌、臂部肌、前臂及前脚部肌四部分。

1.肩带肌

肩带肌是连接前肢和躯干的肌肉,起于躯干,止于肩部和臂部。

(1)在肩部浅层观察到的三角形薄板状肌肉为**斜方肌**(Trapezius muscle,图 4-1)。斜方肌起于项韧带索状部,止于肩胛冈,其主要作用为固定、提举和摆动肩胛骨。

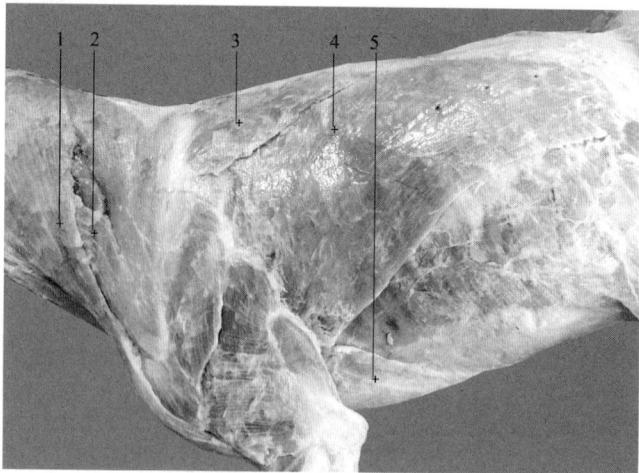

图 4-1　犬肩带部肌

1.臂头肌　2.肩胛横突肌　3.斜方肌　4.背阔肌　5.胸肌

(2)沿项韧带索状部切断并向腹侧掀起斜方肌,在斜方肌深层可观察到狭长的纵行肌肉为**菱形肌**(Rhomboid muscle)。菱形肌起于枕嵴、项韧带索状部和第 4~6 胸椎棘突,止于肩胛骨上缘内侧面和肩胛软骨,其主要作用为提举肩胛骨和伸头颈。

（3）在前肢内侧的胸侧壁浅层可观察到的三角形板状肌为**背阔肌**（Broadest muscle of back,图4-1）。背阔肌起自腰背筋膜和最后两根肋骨,斜向前下方止于肱骨的大圆肌粗隆,其主要作用为向后上方牵引肱骨,屈肩关节。

（4）在颈部左、右侧浅层可分别观察到一长带状肌肉连于臂部和头部之间,此为**臂头肌**（Brachiocephalic muscle,图4-1）,其构成颈静脉沟的上界。臂头肌起于枕嵴、寰椎和第2～4颈椎横突,止于肱骨内侧的三角肌粗隆,其主要作用为牵引前肢向前和伸肩关节。在肩关节前方的臂头肌内可观察到白色的锁骨腱划,内有退化的锁骨。锁骨腱划与肱骨之间的臂头肌又称**锁臂肌**,锁骨腱划与头部之间的臂头肌又称**锁颈肌**。

（5）在臂头肌深面可观察到一长带状肌肉为**肩胛横突肌**（Omotransverse muscle,图4-1）,该肌起于寰椎翼,止于肩胛骨肩峰部。

（6）在臂部、前臂部与胸骨之间可观察到的发达肌肉为**胸肌**（Pectoral muscle,图4-1）,其主要作用为内收前肢。

（7）切断胸肌、背阔肌、臂头肌和肩胛横突肌,掀开前肢,在前肢内侧的胸侧壁可观察到一宽大的扇形肌肉为**腹侧锯肌**（Ventral serrate muscle,图4-2）。该肌下缘呈锯齿状,起于后5枚颈椎横突和前8根肋骨,止于肩胛骨内侧的锯肌面,作用为举颈、提举和悬吊躯干。

2. 肩部肌

肩部肌分布于肩胛骨的周围,起于肩胛骨,止于肱骨,跨越肩关节,主要作用为伸、屈肩关节和内收、外展前肢。

（1）在肩胛骨的冈上窝内可观察到**冈上肌**（Supraspinous muscle,图4-3）。冈上肌起于冈上窝,分两支分别止于肱骨大结节和小结节,其主要作用为伸展和固定肩关节。

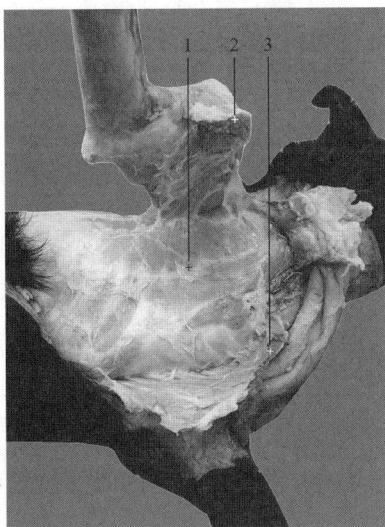

图4-2　犬肩带部肌
1.腹侧锯肌　2.胸肌断端　3.胸肌断端

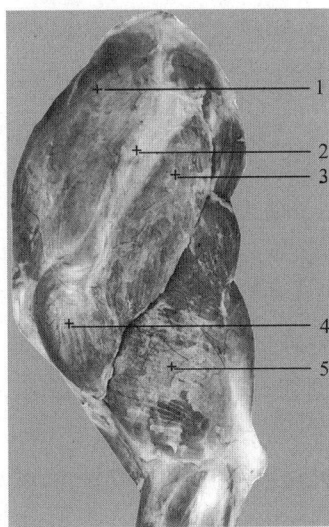

图4-3　犬左前肢（外侧）
1.冈上肌　2.肩胛冈　3.三角肌肩胛部
4.三角肌肩峰部　5.臂三头肌长头

（2）在肩胛冈后方可观察到的三角形肌肉为**三角肌**（Deltoid muscle）。三角肌起于肩胛冈（三角肌肩胛部）和肩峰（三角肌肩峰部），止于肱骨三角肌粗隆，其主要作用为屈肩关节（图4-3）。

（3）沿肩胛冈切开三角肌，在其深面可观察到**冈下肌**（Infraspinous muscle）。冈下肌起于冈下窝和肩胛软骨，止于肱骨近端，其主要作用为外展臂部和固定肩关节（图4-4）。

（4）在三角肌肩胛部的深面可观察到一楔形肌肉，为**小圆肌**（Minor teres muscle）（图4-4）。小圆肌的主要作用为屈肩关节。

（5）在前肢内侧面的肩胛下窝内可观察到**肩胛下肌**（Subscapular muscle）（图4-5，图4-6）。肩胛下肌起于肩胛下窝，止于肱骨小结节，其主要作用为固定肩关节和内收肱骨。

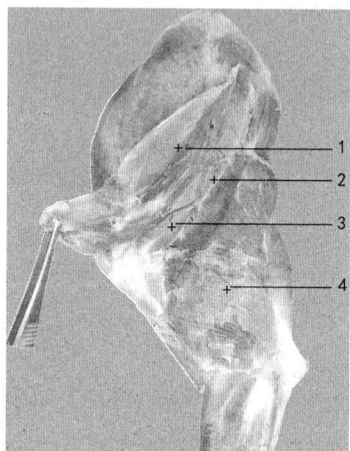

图4-4　犬左前肢（外侧深部）

1. 三角肌　2. 冈下肌
3. 小圆肌　4. 臂三头肌长头

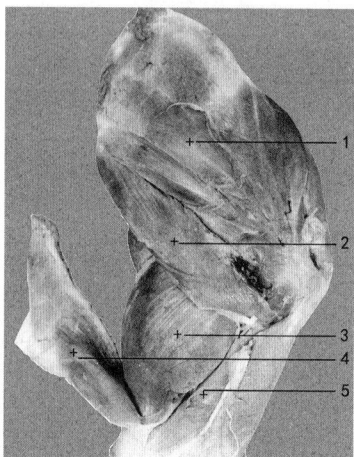

图4-5　犬左前肢（内侧）

1. 肩胛下肌　2. 大圆肌　3. 臂三头肌长头
4. 前臂筋膜张肌　5. 臂三头肌内侧头

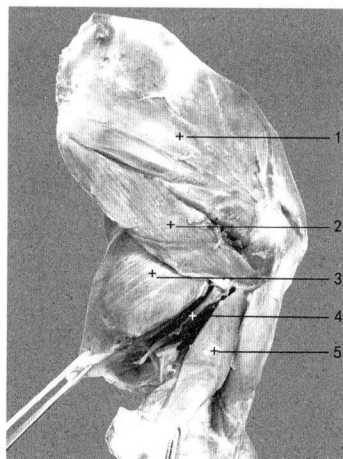

图4-6　犬左前肢（内侧深部）

1. 肩胛下肌　2. 大圆肌　3. 臂三头肌长头
4. 臂三头肌副头　5. 臂三头肌内侧头

（6）在肩胛下肌后方，可观察到一起于肩胛骨后角、止于肱骨大圆肌粗隆的长梭形肌肉，为**大圆肌**（Major teres muscle），其主要作用为屈肩关节和内收肱骨（图4-5，图4-6）。

（7）在肩关节和肱骨内侧上部，可观察到一起于喙突、止于肱骨内侧面的梭形肌肉，为**喙臂肌**（Coracobrachial muscle），其主要作用是内收和屈肩关节。

在线学习——肩部肌(视频)

学习心得:_____

_____

二维码 1
肩部肌(视频)

_____

_____

3. 臂部肌

臂部肌为分布于肱骨周围的肌肉,起于肩胛骨和肱骨,止于肱骨,主要作用于肘关节。根据功能可将臂部肌分为**伸肌组**和**屈肌组**。

(1)在肩胛骨和肱骨后方的夹角内可观察到的三角形肌肉为**臂三头肌**(Triceps muscle of forearm)。其中,在肩胛骨后缘可观察到臂三头肌**长头**;在臂三头肌长头的深层可观察到臂三头肌副头(图 4-6);在肱骨外侧面可观察到臂三头肌**外侧头**(图 4-3,图 4-4,图 4-5,图 4-6);在肱骨内侧面可观察到臂三头肌**内侧头**(图 4-4,图 4-6)。臂三头肌的所有肌头均止于肘突。

(2)在臂三头肌的后缘及内侧面可观察到一狭长的肌肉,为**前臂筋膜张肌**(Tensor muscle of antebrachial fascia)。前臂筋膜张肌起于背阔肌筋膜,止于肘突和前臂筋膜,其主要作用为伸肘关节(图 4-4)。

(3)沿肱骨后缘切开臂三头肌的外侧头,在肘窝表面可观察到的三棱形肌肉为**肘肌**(Anconeus muscle),其主要作用为紧张关节囊。

(4)在肱骨前方的臂头肌深面,可观察到的圆柱状肌肉为**臂二头肌**(Biceps muscle of forearm)。犬及主要家畜动物的臂二头肌只有一个肌头起于肩胛结节(人类臂二头肌的另一肌头起于喙突),止于桡骨结节,其主要作用为屈肘关节和伸肩关节。

(5)在肱骨的螺旋状臂肌沟内可观察到**臂肌**(Brachial muscle)。臂肌起于肱骨后上部,止于桡骨近端内侧,其主要作用为屈肘关节。

在线学习——臂三头肌和臂二头肌(视频)

学习心得:_____

_____

二维码 2
臂三头肌和臂二头肌
(视频)

_____

_____

4. 前臂及前脚部肌

前臂及前脚部肌的肌腹分布于前臂骨的背侧、外侧和掌侧，主要作用于腕关节和指关节。

（1）在前臂和前脚部肌中，可观察到一部分肌肉起自肱骨远端和前臂骨近端，作用于腕关节，其肌腱止于腕骨及掌骨，如腕桡侧伸肌、腕斜伸肌、腕外侧屈肌、腕尺侧屈肌和腕桡侧屈肌。

（2）在前臂和前脚部肌中，还可观察到一部分肌肉作用于指关节，其肌腱绕过腕关节止于指骨，如指总伸肌、指外侧伸肌、指浅屈肌和指深屈肌等。

（二）犬后肢肌肉的观察

将犬侧卧，沿后肢内侧正中线小心切开皮肤（注意避免伤及浅层肌肉），至跗关节处做一环切，钝性分离后肢皮肤，清理肌肉表面的浅筋膜和脂肪，暴露后肢肌肉。根据肌肉分布的位置，可将后肢肌肉分为臀部肌、股部肌以及小腿和后脚部肌。

1. 臀部肌

（1）在臀部皮下的浅层，可观察到一起于荐骨和第 1 尾椎、止于股骨第 3 转子的三角形肌肉，为**臀浅肌**（Superficial gluteal muscle），其主要作用为外展后肢和屈髋关节（图 4-7）。

（2）在臀浅肌前方，可观察到一大而厚的**臀中肌**（Middle gluteal muscle）。臀中肌起于髂骨翼和荐结节阔韧带，止于股骨大转子，其主要作用为伸髋关节和外展后肢（图 4-7）。

（3）沿荐骨切断臀浅肌和臀中肌并向腹侧掀开，可观察到深部的**臀深肌**（Deep gluteal muscle）。臀深肌起于坐骨棘，止于股骨大转子，其主要作用为外展髋关节和内收后肢。

2. 股部肌

股部肌主要分布于股骨周围，根据位置可将股部肌分为股前肌群、股后肌群和股内侧肌群，主要作用为参与髋关节和膝关节的运动。

（1）在后肢皮下浅层的股骨前面及两侧，可观察到一块大而厚的肌肉，为**股四头肌**（Quadriceps muscle of thigh，图 4-7）。股四头肌包括股内侧肌、股外侧肌、股中间肌和股直肌四个肌头。其中，股内侧肌、股外侧肌和股中间肌均起于股骨，股直肌起于髂骨体，四个肌头均止于膝盖骨，作用为伸膝关节。

（2）在股四头肌前方可观察到的三角形肌肉为**阔筋膜张肌**（Tensor muscle of fascia lata）。阔筋膜张肌起于髋结节，呈扇形连于阔筋膜并借此止于膝盖骨和胫骨前缘（图 4-7），其作用为紧张阔筋膜、屈髋关节和伸膝关节。

（3）在股骨后外侧，可观察到一长而宽大的肌肉，为**股二头肌**（Biceps muscle of thigh）。股二头肌包括长头和短头两个肌头，长头起于荐结节阔韧带，短头起于坐骨结节，二肌头合并向下分别止于膝盖骨侧缘、胫骨嵴和跟结节，其主要作用为伸髋关节、膝关节和跗关节（图 4-7、图 4-8）。

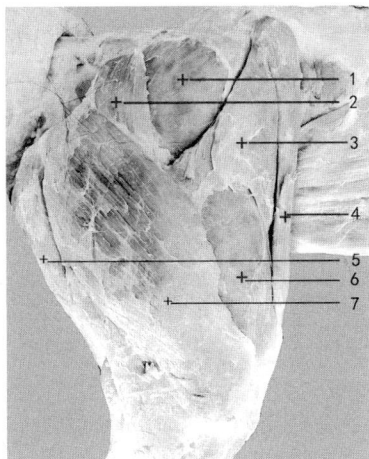

图 4-7　犬右后肢（右侧观）
1.臀中肌　2.臀浅肌　3.阔筋膜张肌　4.缝匠肌
5.半腱肌　6.股四头肌　7.股二头肌

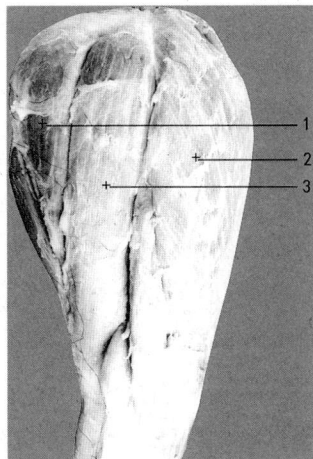

图 4-8　犬右后肢（后侧观）
1.半膜肌　2.股二头肌　3.半腱肌

　　（4）在股二头肌的后方，可观察到的长梭形肌肉为**半腱肌**（Semitendinous muscle）。半腱肌起于坐骨结节，止于跟结节，其主要作用为伸髋关节、膝关节和跗关节（图 4-7，图 4-8）。

　　（5）在半腱肌的后内侧，可观察到的三棱形肌肉为**半膜肌**（Semimembranous muscle）。半膜肌起于坐骨结节，分别止于股骨内侧上髁和胫骨内侧髁，其主要作用为伸髋关节和内收后肢（图 4-8）。

　　（6）在股骨内侧面的浅层，可观察到一薄而宽的四边形肌肉，为**股薄肌**（Gracilis muscle）。股薄肌起于骨盆联合，止于膝内侧直韧带和胫骨嵴，其主要作用为内收后肢。

　　（7）沿股薄肌中部切断股薄肌，在耻骨肌与半膜肌之间可观察到的三棱形肌肉为**内收肌**（Adductor muscle）。内收肌起于耻骨和坐骨的腹侧面，止于股骨，其主要作用为内收后肢和伸髋关节。

　　（8）在内收肌前方的耻骨前下方，可观察到一短梭形肌肉起于耻骨前缘和耻前腱，止于股骨中部内侧，为**耻骨肌**（Pectineal muscle），其主要作用为内收后肢和屈髋关节。

　　（9）在股内侧前部，可观察到狭长带状肌肉，为**缝匠肌**（Sartorius muscle）。犬的缝匠肌明显分为前、后两部，前部起于髋结节和腰背筋膜，后部起于髂骨翼腹侧缘，两者均终止于胫骨近端内侧面，主要作用为内收后肢。

　　3. 小腿和后脚部肌

　　（1）**小腿**和**后脚部肌**的肌腹位于小腿部，在跗关节处变为腱，大部分都有腱鞘，作用于跗关节和趾关节。

　　（2）在小腿跖侧可观察到一发达的长梭形肌肉，为**腓肠肌**（Gastrocnemius muscle）。腓肠肌的内、外侧头起于股骨远端跖侧，均止于跟结节，其主要作用为伸跗关节。

　　（3）在腓肠肌内、外侧头之间能观察到一几乎全为腱质的肌肉，为**趾浅屈肌**（Superficial digital flexor muscle）。趾浅屈肌起于股骨髁上窝，终止于跟结节与第 1～5 趾，作用为屈趾关节。

(三)其他家畜动物与犬四肢肌肉的比较

1. 菱形肌

牛、马和犬的菱形肌起点略有差异。

(1)牛和马:菱形肌可分颈、胸两部。其中,颈菱形肌起于项韧带索状部,胸菱形肌起于前几枚胸椎棘突。

(2)犬:菱形肌分头、颈、胸三部分。其中,头菱形肌起于枕嵴,颈菱形肌起于项韧带索状部,胸菱形肌起于第 4~6 胸椎棘突,止点均为肩胛骨。

2. 背阔肌

不同动物的背阔肌起止点略有差异。

(1)牛:背阔肌起于腰背筋膜起始处、第 9~11 肋骨、肋间外肌和腹外斜肌的筋膜,止于肱骨。

(2)犬:背阔肌起于腰背和最后 2 枚肋骨,在肩后部与皮肌混合止于肱骨大圆肌粗隆。

(3)马:背阔肌起于腰背腱膜,止于肱骨内侧。

3. 臂头肌

反刍动物和肉食动物的臂头肌构成略有差异。

(1)牛:臂头肌可明显分为上部的锁枕肌和下部的锁乳突肌。

(2)犬:臂头肌以锁骨腱划为界分为前上部的锁颈肌和后下部的锁臂肌,锁颈肌又可分为明显的锁枕肌和锁乳突肌。

4. 前臂筋膜张肌

不同动物前臂筋膜张肌的起点略有不同:

(1)牛:前臂筋膜张肌起于肩胛骨后角,止于肘突。

(2)犬:前臂筋膜张肌起于背阔肌腱膜,止于肘突。

5. 臀浅肌

不同动物的臀浅肌略有差异:

(1)猪、牛和羊:臀浅肌与股二头肌合并为臀股二头肌。

(2)犬:臀浅肌独立存在。

6. 缝匠肌

(1)多数家畜动物:缝匠肌呈狭长带状,起于骨盆盆面髂筋膜和腰小肌肌腱,止于胫骨近端内侧。

(2)犬:缝匠肌分前、后两部分,前部起于髋结节和胸腰筋膜,后部起于髂骨翼腹侧缘,均止于胫骨内侧。

三、生活中的解剖学

(一)什么是肩周炎?

肩周炎在西医又称"肩关节周围炎",中医认为多因肩部受风寒引起,故又有"冻结肩"之称。因多发于50岁左右的女性中年人,故俗称"五十肩"。该病主要由肩关节周围肌肉、肌腱、滑膜囊和关节囊等软组织的无菌性炎症,造成韧带、肌腱变性、粘连及钙化引起的肩关节周围疼痛与活动障碍。多数患者在肱二头肌长头肌腱、肩峰下滑囊、喙突、冈上肌等处有明显的压痛感。中晚期患者的X线片可见关节囊、滑液囊、冈上肌腱及肱二头肌长头腱等处有密度淡而不均的钙化斑影。

关于肩周炎的病因,过去公认的是由于肩关节缺乏运动,致使局部代谢障碍而引起血液和淋巴流动的阻滞,最终使肩关节周围组织发生退行性变化,有渗出液渗出,继而出现纤维化,极大限制肩关节活动。近年来的研究认为除肩关节周围组织外,肩关节内的滑膜也会发生充血,继而有滑膜绒毛增生,最后造成肩关节滑膜的粘连。在日常生活中保持清淡饮食、忌烟忌酒、忌油腻食物可预防肩周炎,此外,打羽毛球、打乒乓球以及抖空竹等运动也可有效预防肩周炎。发生肩周炎后,最有效的治疗方法是加强肩关节的锻炼以减轻肩部肌肉粘连,便于恢复肩关节活动。在家庭中还可采用按摩疗法:按揉肩关节周围肌肉,对按揉过程中发现的局部压痛点着重按揉,每日一次,坚持1~2个月有较好疗效。

(二)什么是肌炎?

肌炎是指肌纤维及其结缔组织发生的炎症,常见的肌炎类型包括:

①外伤性肌炎:因车辆冲撞、滑倒、坠落及咬斗等原因造成肌肉组织的非开放性或无菌性炎症。

②化脓性肌炎:因开放性损伤而发生葡萄球菌、链球菌及大肠杆菌等化脓菌侵入肌肉组织而引起的炎症。

此外,多发性肌炎一般无皮肤损害,是以四肢近端、颈部和咽部的进行性肌无力以及血清酶升高为主要表现的弥漫性肌肉炎症,严重者呼吸肌无力,危及生命,目前病因尚不清楚。

(三)"渐冻人"

霍金是英国剑桥大学著名物理学家,被誉为继爱因斯坦之后最杰出的理论物理学家之一。他在21岁时不幸罹患肌萎缩侧索硬化症("渐冻人"),被禁锢在轮椅上达50年之久,他不能说话,唯一能动的地方只有两只眼睛和3根手指,其他地方完全不能动。

"渐冻人"即肌萎缩侧索硬化也叫运动神经元病。由于感觉神经并未受到侵犯,故该病并不影响患者的智力、记忆和感觉。该病多由基因缺陷、环境因素、自身免疫异常、代谢系统障碍、微量元素缺乏及中毒等因素导致,多发于中年男性,缓慢起病,多因呼吸衰竭而死亡。该病的早期症状轻微,患者可能仅仅感觉肌无力、易疲劳等症状,之后逐渐发展为全身肌肉萎缩和吞咽困难,最后因呼吸衰竭而死亡。根据临床症状可将该病分为两类:肢体起病型——四肢肌肉首先发生进行性萎缩与无力,最后才产生呼吸衰竭;延髓起病型——四肢肌肉功能正常,但是吞咽与说话出现困难,很快发展为呼吸衰竭。目前国际上主要通过神经营养因子、抗氧化剂(维生素 E、维生素 C、肌酸及辅酶 Q_{10})等对肌萎缩侧索硬化进行保护性治疗。

四、填图练习

请在以下骨骼模式图上绘制肩带肌、肩部肌、臂部肌和股部肌。

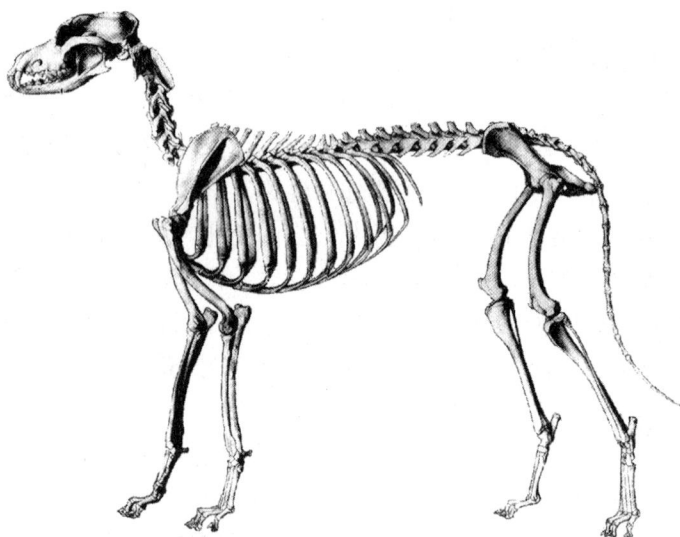

实验五　消化系统

一、实验目的

（1）掌握犬口腔、咽和食管的位置、形态、结构和功能。

（2）掌握腹膜腔的概念。

（3）掌握犬胃、肠、肝和胰的位置、形态、结构和功能。

（4）了解犬与其他主要家畜动物消化系统的差异。

二、实验内容和实验方法

（一）犬口腔的观察

口腔（Oral cavity）是消化管的起始部，具有采食、吸吮、咀嚼、味觉、吞咽、流涎及攻击等功能。

（1）在口腔的最前壁可观察到唇（Lip），其以口轮匝肌为基础，内衬黏膜、外被皮肤，分上唇与下唇，两者共同围成口裂（Oral fissure），在口裂两端可观察到上、下唇汇合成的口角（Angle of mouth）。

（2）上唇与鼻融合，形成光滑湿润的暗褐色的无毛区，称为鼻镜，健康动物的鼻镜常保持湿润状态，在鼻镜正中可观察到的浅沟为人中。

（3）口腔侧壁为颊（Cheek），其主要由颊肌构成，外覆皮肤，内衬光滑黏膜。

（4）用剪刀沿口腔两侧的口角剪开颊，打开口腔，在上、下颌骨的齿槽内可观察到齿（Tooth，图 5-1），因其呈弓形排列，所以又分别称为上齿弓和下齿弓。

（5）在齿弓与唇、颊之间可观察到的腔隙为**口腔前庭**（Vestibule of mouth）。

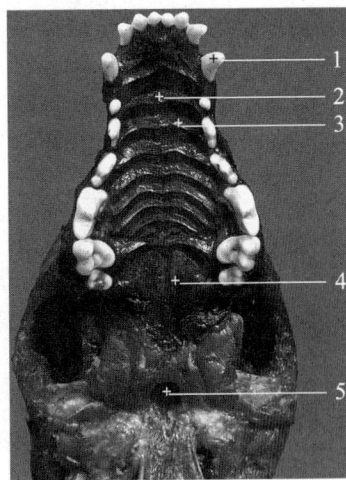

图 5-1　犬口腔顶壁

1.齿　2.腭缝　3.腭褶

4.软腭　5.鼻后孔

（6）在齿弓以内可观察到的腔隙为**固有口腔**（Oral cavity proper），固有口腔的大部分空间被舌所占据。

（7）每一侧的齿弓由前向后依次为**切齿**（Incisor tooth）、**犬齿**（Canine tooth）、**前臼齿**

(Premolar tooth)和**臼齿**(Molar tooth)。

(8)口腔顶壁的前部为**硬腭**(Hard palate)。在硬腭前方可观察到**切齿乳头**(Incisive papilla)和**切齿管**(Incisive canal)的开口,在硬腭正中线可观察到**腭缝**(Palatine raphe),在硬腭表面还能观察到许多横向的**腭褶**(Palatine rugae,图 5-1)。

(9)在硬腭后缘可观察到一弓状肌性黏膜瓣向咽腔突出,该肌性黏膜瓣即为**软腭** (Soft palate),软腭构成口腔顶壁的后部。在软腭后缘可观察到的月牙形弓状缘为**腭咽弓** (Palatopharyngeal arch),在软腭的腹侧面可观察到一对黏膜褶与舌根相连,为**腭舌弓** (Palatoglossal arch),在腭咽弓与腭舌弓之间可观察到**腭扁桃体**(Palatine tonsil)。

(二)犬舌的观察

(1)在固有口腔内可观察到**舌**(Tongue),几乎占据固有口腔的所有空间。

(2)在舌表面观察到的黏膜为舌黏膜,在舌黏膜表面可触摸并观察到**丝状乳头**(Filiform papilla)、**锥状乳头**(Coniform papilla)、**菌状乳头**(Fungiform papilla)和**轮廓乳头** (Vallate papilla)。在舌乳头中,丝状乳头和锥状乳头主要发挥机械搅拌作用,菌状乳头和轮廓乳头具有味觉功能。

(3)在口腔底与舌体之间可观察到两条黏膜褶,为**舌系带**(Frenulum of tongue, 图 5-2)。

(4)在口腔底黏膜面上的舌系带附近可观察到一对乳头,称为**舌下肉阜**(Sublingual caruncle),是单口舌下腺和颌下腺的共同开口。

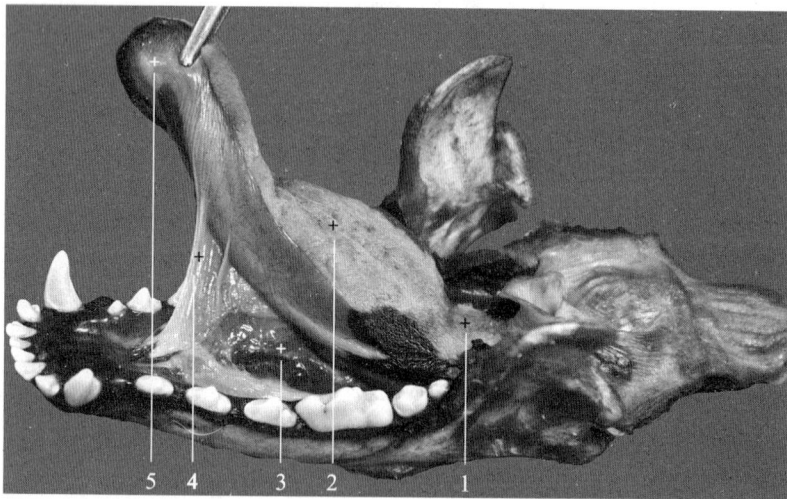

图 5-2　犬口腔底壁
1.舌根　2.舌体　3.舌下腺　4.舌系带　5.舌尖

(三)犬唾液腺的观察

所有能分泌唾液的腺体称为唾液腺。唾液腺有小唾液腺和大唾液腺之分。由于小唾液腺分布于颊黏膜和唇黏膜等处,不易直接观察,故本次实验将重点观察三对大唾液腺。

（1）在下颌支后方至耳根后方，咬肌表面，可观察到一个三角形粉色腺体，为**腮腺**（Parotid gland），腮腺管开口于与上臼齿相对的颊黏膜上。

（2）在腮腺的深层可观察到一较大的腺体，为**颌下腺**（Mandibular gland），其腺管开口于舌下肉阜。

（3）切开下颌间隙的皮肤，在舌体与下颌骨体之间的黏膜下可观察到一些粉色的片状腺体，为**舌下腺**（Sublingual gland，图5-2）。舌下腺分单口舌下腺和多口舌下腺，其腺管分别开口于舌下肉阜和口腔底部。

(四)犬咽的观察

（1）在口腔和鼻腔的后方以及喉和食管的前方可观察到**咽**（Pharynx）。咽是消化道和呼吸道的共同通道。

（2）用骨剪剪断下颌骨支，暴露出咽，可观察到软腭将咽分为鼻咽部、口咽部和喉咽部。在软腭和会厌上缘平面之间观察到的咽腔为**口咽部**，其为口腔的直接延续；在软腭背侧观察到的咽腔为**鼻咽部**，是鼻腔向后的直接延续，其顶壁呈圆拱形；在喉口背侧观察到的咽腔为**喉咽部**，喉咽部较狭窄，其后上方接食管口，后下方接喉口（图5-3）。

(五)犬食管的观察

（1）沿颈部腹侧正中线切开皮肤，清理浅层肌肉与结缔组织，在喉与气管的背侧可观察到一柔软的肌质管道即为**食管**（Esophagus），其起于咽，止于胃，是食物从口腔运送到胃的管道。

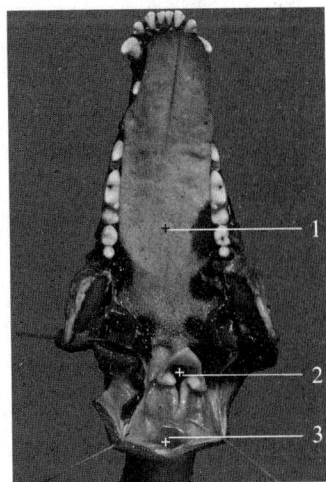

图 5-3　犬舌
1.舌　2.喉口　3.食管口

（2）在食管起始部可观察到肉食动物所特有的环状缩细结构——**咽食管阀**（Pharyngoesophageal limen）。在颈中部可观察到食管逐渐偏于气管左侧，在胸腔前口处又重新移行于气管背侧。食管进入胸腔后行走于纵隔内，越过心基背侧和主动脉弓右侧，穿过膈的食管裂孔，进入腹腔，最终开口于胃的贲门。

(六)犬腹膜腔的观察

（1）沿腹底壁正中线切开腹部皮肤，同时沿腹白线切开腹壁肌肉，并将一侧腹壁向背侧掀起，暴露出腹腔。

（2）在腹壁和骨盆腔的内表面以及脏器表面可观察到一层透明浆膜，为**腹膜**（Peritoneum）。

（3）在腹腔和骨盆腔内表面可观察到的腹膜为**腹膜壁层**（Parietal peritoneum）。在腹腔和骨盆腔内脏器表面可观察到的腹膜为**腹膜脏层**（Splanchnic peritoneum）。腹膜壁层与脏层之间围成的腔隙为**腹膜腔**（Peritoneal cavity）。其中，雄性动物的腹膜腔为密闭腔隙，雌性动物的腹膜腔可通过输卵管腹腔口间接与外界相通。

（七）犬胃的观察

（1）在腹腔季肋部可观察到**胃**（Stomach），且大部分胃位于左季肋部。胃的前端接食管，后端接十二指肠。

（2）胃的入口为贲门（图5-4），犬的贲门大，故易呕吐。胃的出口为幽门，通十二指肠。

（3）沿胃小弯切开胃壁，清洗胃内容物，暴露出胃黏膜，可观察到不同部位的胃黏膜颜色略有不同。在胃黏膜中，贲门腺区很小，呈淡红色；胃底腺区很大，呈红褐色；幽门腺区较小，呈灰白色（图5-5）。

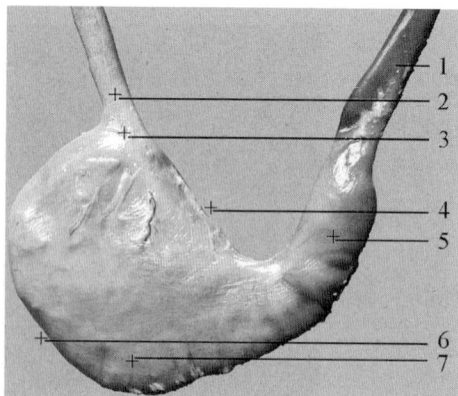

图 5-4 犬胃
1.十二指肠 2.食管 3.贲门 4.胃小弯
5.胃憩室 6.胃大弯 7.胃体

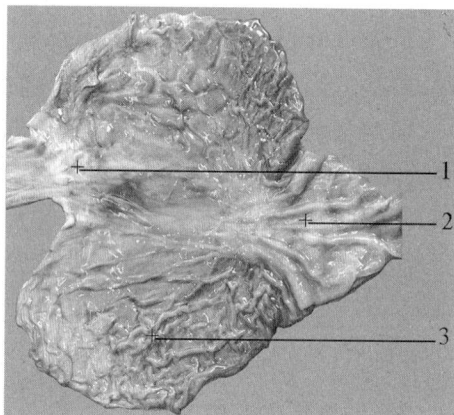

图 5-5 犬胃黏膜
1.贲门腺区 2.幽门腺区 3.胃底腺区

（八）犬肠的观察

（1）在胃的幽门之后可观察到的细长管道为**肠**（Intestine），其前端起于胃幽门，后端止于肛门，借**肠系膜**（Mesenterium）悬吊并固定在腹腔顶壁上，占据腹腔容积的大部分。

（2）肠的前段为**小肠**（Small intestine），小肠主要参与养分的消化和吸收，其长度约为体长的3~4倍。小肠从前到后依次分为**十二指肠**（Duodenum）、**空肠**（Jejunum）和**回肠**（Ileum，图5-6）。肠的后段为**大肠**（Large intestine），大肠主要参与纤维素消化、水分吸收以及形成粪便，其长度约为60~75cm。大肠从前到后依次为**盲肠**（Caecum）、**结肠**（Colon）和**直肠**（Rectum）。

（3）在右季肋部和腰部可观察到**十二指肠**，其起于幽门，在胃后方形成**十二指肠空肠曲**（Duodenal jejuna flexure）后移行为**空肠**，十二指肠与空肠以**十二指肠结肠韧带**为界；空肠是腹腔内长度最长的肠道，其借空肠系膜悬于腰部；在腹中部和腹后部可观察到回肠连于空肠之后。回肠短而直，由腹腔左后部伸向右前方，空肠与回肠以**回盲韧带**为界。

（4）在右肾后端的腹侧以及回肠和结肠的交界处，可观察到一以盲端起始且呈"S"形弯曲的**盲肠**；盲肠向后延续为**结肠**，结肠可分为升结肠、横结肠和降结肠三段；在骨盆腔内，生殖器、膀胱和尿道的背侧可观察到**直肠**，直肠与结肠无明确界限。

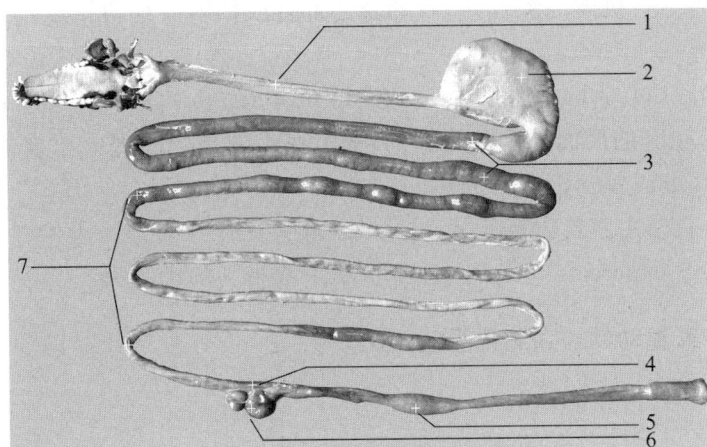

图 5-6　犬消化道全貌

1.食管　2.胃　3.十二指肠　4.回肠　5.结肠　6.盲肠　7.空肠

(九)犬肝的观察

(1)在右季肋部,膈的后方可观察到的红褐色腺体为**肝**(Liver),其为体内最大的腺体,中间厚,边缘薄。

(2)犬肝可被明显分为**右叶**(Right lobe)、**左叶**(Left lobe)和**中叶**(Median lobe)。其中,肝右叶的特征是有**胆囊**(Gall bladder)附着,另一侧无胆囊附着的肝叶即为**左叶**。右叶又可明显分为**右外叶**和**右内叶**,左叶也可明显分为**左内叶**和**左外叶**。在肝的脏面可观察到**中叶**,中叶包括**方叶**(Quadrate lobe)和**尾叶**(Caudate lobe),尾叶可分为明显的**乳头突**(Papillary process)和**尾状突**(Caudate process)。

(3)在方叶和右内叶之间的深窝内可观察到绿色的胆囊,胆囊的**胆囊管**(Duct of gall bladder)与**肝管**(Hepatic duct)合并为**胆总管**(Common bile duct),后者与主胰管共同开口于十二指肠的大乳头。

(4)在肝的脏面可观察到**肝门**(Hepatic porta),用镊子对肝门的脂肪和结缔组织进行钝性分离,可在肝门处观察到左、右肝管,门静脉,肝动脉,神经和淋巴管进出肝。

(5)在肝的背侧缘可观察到后腔静脉从肝表面穿过,将此处的后腔静脉做一纵切,可观察到与肝接触的后腔静脉壁上有数个小孔,这些小孔即为**肝静脉支**的开口。

(十)犬胰的观察

(1)在胃和十二指肠附近可观察到的"V"字形淡红色腺体即为**胰**(Pancreas,图 5-7)。胰既是内分泌器官也是外分泌器官,内分泌部合成的胰高血糖素与胰岛素等激素直接经毛细血

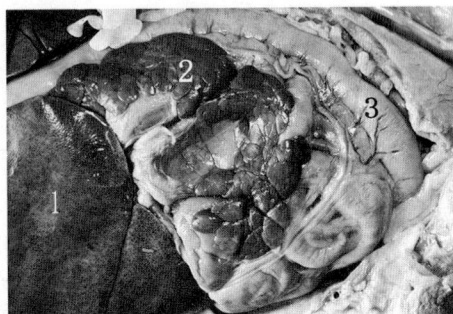

图 5-7　犬胰

1.肝　2.胰　3.十二指肠

管进入血液循环,参与机体的糖代谢;胰外分泌部合成的胰液经胰管排入十二指肠参与消化活动。

(2)胰分**左叶**(Left lobe of pancreas)、**右叶**(Right lobe of pancreas)和**胰体**(Body of pancreas)。在胃和肝的后面可观察到胰的**左叶**,在十二指肠降部的背内侧可观察到胰的**右叶**,二叶在幽门处以锐角汇合为**胰体**。

(3)胰管分两支,**主胰管**(Duct of wirsung)与胆总管共同开口于十二指肠的大乳头,**副胰管**(Accessory pancreatic duct)单独开口于十二指肠的小乳头。

(十一)其他家畜动物与犬消化系统的比较

1.胃

反刍动物和单胃动物的胃存在较大差异。

(1)反刍动物:多室胃,包含四个胃室(瘤胃、网胃、瓣胃和皱胃)。四个胃室的胃黏膜存在明显差异:瘤胃的胃黏膜含有密集的柳叶状乳头;网胃的胃黏膜呈网格状;瓣胃的胃黏膜含有大小不等的瓣叶;皱胃的胃黏膜柔软光滑(含有贲门腺、胃底腺和幽门腺)。

(2)猪:单室胃,胃黏膜光滑柔软,含有贲门腺、胃底腺、幽门腺和很小的无腺部,不同腺区的颜色略有差异。

(3)犬:单室胃,胃黏膜光滑柔软,含有贲门腺、胃底腺和幽门腺,没有无腺部,不同腺区的颜色略有差异。

(4)禽类:胃分为前部的腺胃(胃黏膜有消化腺)和后部的肌胃(肌层非常发达),肌胃内表面有一层类角质膜,具有保护胃黏膜的作用,俗称"肫皮",洗净干燥后称"鸡内金",可入药。

(5)特殊的:同为草食动物,**骆驼**仅有三个胃室,缺瓣胃;**马和兔**,属单胃动物,但其盲肠特别发达,主要参与纤维素的消化,在功能上类似于反刍动物的瘤胃。

2.肠

不同动物的肠道结构有所不同。

(1)小肠:家畜动物与家禽动物十二指肠与空肠的分界标志略有不同,对家畜动物而言,十二指肠结肠韧带是两者的分界标志;对家禽动物而言,胰是十二指肠与空肠的分界标志。

(2)大肠:多数家畜动物的盲肠短而直,但**马**有特别发达的盲肠(长约1.25m,容积约30L),较为特殊的是**鸡**有两条长而粗的盲肠;不同动物结肠的形态差异较大,**牛和羊**的结肠呈圆盘状,**猪**的结肠呈圆锥状,**犬**的结肠则较为简单,**鸡**没有明确的结肠(其结肠与直肠合称结直肠)。

3.胆总管与胰管

不同动物的胆总管与胰管在十二指肠的开口位置有明显差异。

(1)牛:胆总管开口于距幽门50～70cm处的十二指肠大乳头,胰管从胰右叶发出后开口于胆总管开口之后30～40cm处的十二指肠小乳头。

(2)羊:胰管与胆总管汇合后开口于十二指肠。

(3)猪:胆总管开口于距幽门 2～5cm 的十二指肠上,胰管从胰右叶发出后开口于距幽门 10～12cm 处的十二指肠。

(4)犬:胆总管与胰管汇合后开口于距幽门 5～8cm 处的十二指肠大乳头。

(5)禽类:胆囊管、左肝管以及胰管共同开口于十二指肠末端。

(6)特殊的:并非所有动物都有胆囊,如大鼠、鸽和马无胆囊。

三、生活中的解剖学

(一)肚子为什么会饿得"咕咕"响?

胃一般每隔 4～5h 排空一次,在内容物排空以后胃会发生剧烈收缩,这一过程可使人产生饥饿感。同时,由于胃内存在一定量的液体和气体(随食物吞咽入胃),这些气体与液体在胃壁剧烈收缩的情况下可产生气泡,最后气泡因相互挤压而发生破裂,发出"咕咕"的响声(而当胃内有较多食物时,这些气体发出的声音较小,故不易察觉)。

(二)为什么有人会呕出胆汁?

人类和多数家畜动物,胆汁在非消化期间可存于胆囊中,在消化期间则直接由肝以及胆囊经胆总管排至十二指肠,参与脂肪乳化。当发生频繁而剧烈呕吐时,强烈的胃肠道逆蠕动可以导致十二指肠中的胆汁经幽门反流入胃,并呕吐出口腔。此外,剧烈呕吐或反复呕吐还可能引起食管破裂、食管贲门黏膜撕裂而引起大出血。

(三)为什么会胃胀?

当胃内压大于十二指肠内压时,食物即可由胃排出。在病理情况下,如胃、十二指肠存在炎症、肿瘤或胃液、十二指肠液成分发生改变时,就会使胃的排空延缓,食物不断对胃壁产生压力;同时,食物在胃内过度发酵后产生大量气体,使胃内压力进一步增高,因而就出现了上腹部的饱胀、压迫感,即胃胀。造成胃胀的因素主要包括:饮食不卫生、饮水量太少或纤维素食物进量太少、生活作息不正常、饮食油腻、吃得太快、胃黏膜损伤以及部分胃部手术后遗症等。可通过走动促进胃内气体的排出,缓解不适感。

(四)何为十二指肠溃疡?

十二指肠溃疡又称消化性溃疡,主要是指发生在十二指肠黏膜的缺损,并且其损伤深度超过黏膜肌层。普遍观点认为,十二指肠溃疡的形成与胃酸、胃蛋白酶的消化作用有关。人类十二指肠溃疡多发生在 20～50 岁人群,且男性多于女性。在生理条件下,胃和十二指肠黏膜上有一套防御机制以抵抗胃酸和胃蛋白酶的消化作用——十二指肠能分泌碱性液体,胰液和胆汁中含有碳酸氢盐,胃和十二指肠分泌的不溶性黏液能吸收碳酸氢盐并覆盖于黏膜表面以及肠黏膜表面的疏水性等。但是,幽门螺杆菌感染、非甾体类抗炎药、应激以及胃酸分泌调节异常等致病因素均可导致肠黏膜酸碱平衡机制的破坏,从而最终导致十二指肠溃疡的发生。

(五)何为阑尾炎?

阑尾是自盲肠下端向外延伸的一条细管状器官,位于右髂窝内,形似蚯蚓,故又称蚓突。但是并非所有动物都有蚓突,如兔有明显的蚓突,而主要家畜动物没有蚓突。阑尾含有丰富的淋巴组织,参与机体的免疫功能,阑尾对机体有益,但并非必不可少的器官。

阑尾炎是腹部的常见病与多发病,大多数阑尾炎患者如能及时就医,将能很快恢复健康。临床上急性阑尾炎较为常见,各年龄段及妊娠期妇女均可发病;慢性阑尾炎较为少见。长期以来,医学界认为阑尾管腔梗阻是造成急性阑尾炎的一个十分重要的因素,梗阻后阑尾黏膜产生的分泌物和细菌的快速繁殖使阑尾腔内压力升高,引起局部缺血坏死,继而引发细菌感染,最终导致阑尾坏疽和穿孔。此外,血源性感染、黏膜屏障的破坏、饮食、创伤、遗传以及药物等也是诱发阑尾炎的因素。目前,阑尾切除术是临床急诊手术中最常见的手术之一。

四、填图练习

请在以下骨骼模式图上绘制食管与胃。

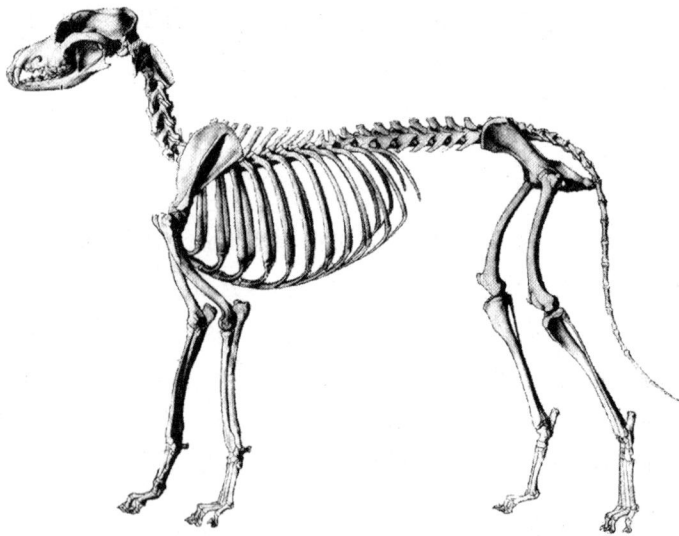

实验六　呼吸系统

一、实验目的

(1)掌握犬鼻、咽、喉和气管的形态结构。

(2)掌握构成犬喉的软骨及其功能。

(3)掌握犬肺的形态、分叶、位置和体表投影。

(4)了解犬与其他主要家畜动物呼吸系统的差异。

二、实验内容和实验方法

犬的呼吸系统包括**呼吸道**(鼻、咽、喉、气管、支气管)、**气体交换器官**(肺)和**辅助器官**(胸膜和纵隔)。

(一)犬鼻的观察

鼻由**鼻腔**(Nasal cavity)和**鼻旁窦**(Paranasal sinus)构成。

1. 鼻腔

(1)在面部可观察到**鼻**(Nose),其呈逗点形。鼻既是气体进出的通道,也是嗅觉器官。

(2)在面部可观察到的鼻腔入口为**鼻孔**(Nasal opening),在鼻腔前部观察到的由内、外侧**鼻翼**(Nasal wing)围成的空腔为**鼻前庭**(Nasal vestibule),鼻前庭后方具有骨性支架的部分为**固有鼻腔**(Proper nasal cavity)。鼻前庭和固有鼻腔共同构成鼻腔。

(3)用骨锯在固有鼻腔上做一横断切面,在鼻腔横断面上可观察到固有鼻腔的正中矢状面上有**鼻中隔**,在固有鼻腔的侧壁上可观察到上、下两个纵行的卷曲**鼻甲**(Nasal conchae),二鼻甲将固有鼻腔分为**上鼻道**(嗅道)、**中鼻道**(窦道)和**下鼻道**(呼吸道)。上、下鼻甲与鼻中隔所围成的空腔为**总鼻道**(General nasal meatus)。

(4)在固有鼻腔内表面和鼻甲表面,能观察到一层黏膜,即**鼻黏膜**(Nasal mucous membrane),其表面有少量黏液。

(5)在鼻前庭以及鼻甲表面观察到的鼻黏膜呈粉红色,是因为其中含有丰富的毛细血管,这部分黏膜具有湿润、温暖吸入的空气和吸附空气中的灰尘等作用,称**呼吸区**(Respiratory region)。

(6)在鼻腔后上方可观察到的鼻黏膜颜色较暗,这部分鼻黏膜含有丰富的嗅细胞,称

嗅区（Olfactory region）。嗅细胞发出嗅神经穿过筛骨到达嗅球，从而产生嗅觉。

2. 鼻旁窦

（1）鼻腔周围头骨内的含气空腔称为**鼻旁窦**，共有四对。这些鼻旁窦直接或间接与鼻腔相通，其主要作用为减轻头骨重量、湿润和温暖吸入的空气、参与发声的共鸣。

（2）将犬头部固定，用骨锤和骨凿分别将左、右额骨敲开，在额骨内观察到的含气空腔为**额窦**（Frontal sinus）。

（3）分别将左、右上颌骨敲开，在上颌骨内观察到的含气空腔为**上颌窦**（Maxillary sinus）。

（4）在鼻骨、上颌骨和额骨之间将头骨敲开，可观察到的含气空腔为**筛窦**（Ethmoid sinus）。

（5）在鼻骨与上颌骨之间将头骨敲开，可观察到的含气空腔为**蝶腭窦**（Sphenopalatine sinus）。

（二）犬咽的观察（见实验五消化系统）

（三）犬喉的观察

（1）将头颈交界腹侧的皮肤切开，清理浅层肌肉与结缔组织，可观察到**喉**（Larynx），其前端与咽相通，后端与气管相连。喉由喉软骨、喉肌和喉黏膜构成，其中构成喉的软骨包括 4 种 5 块。

（2）在喉前部可观察到的叶片状软骨为**会厌软骨**（Epiglottic cartilage），其尖端钝圆，弯向舌根，吞咽时可向后翻转并关闭喉口，使食物进入气管背侧的食管（图 6-1，图 6-2）。

（3）在会厌软骨之后，可观察到的弯曲板状软骨为**甲状软骨**（Thyroid cartilage），由腹侧的甲状软骨体和左、右侧板组成。甲状软骨构成喉腔的底壁和两侧壁（图 6-1，图 6-2）。

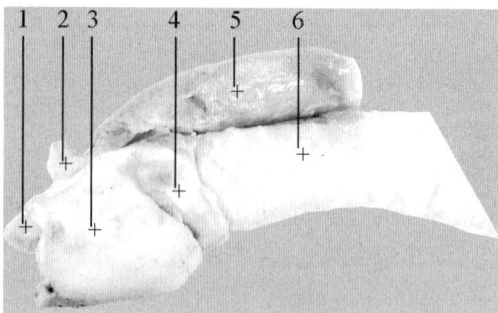

图 6-1　喉与气管
1.会厌软骨　2.勺状软骨　3.甲状软骨
4.环状软骨　5.食管　6.气管

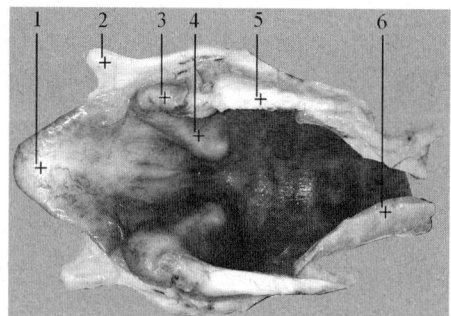

图 6-2　喉的内部结构
1.会厌软骨　2.甲状软骨　3.勺状软骨
4.声带　5.环状软骨　6.气管

（4）在甲状软骨之后可观察到的指环状软骨为**环状软骨**（Annular cartilage），其由背侧的环状软骨板和腹侧的环状软骨弓组成，其前、后缘分别连接甲状软骨和气管软骨（图 6-1，图 6-2）。

(5)在环状软骨前缘两侧以及甲状软骨侧板的背内侧,可观察到两枚三面锥体形的软骨为**勺状软骨**(Arytenoid cartilage)。勺状软骨参与构成喉腔的顶壁(图 6-1,图 6-2)。

(6)用骨剪沿喉的背侧正中线剪开喉腔,在勺状软骨的腹侧与甲状软骨体之间可观察到**声带**(Vocal cord,图 6-2),在声带前方可观察到一黏膜褶,为假声带。左、右侧声带之间的裂隙为**声门裂**(Fissure of glottis),声带和声门裂共同构成**声门**(Glottis),声带将喉腔分为前方的**喉前庭**(Vestibule of larynx)和后方的**声门下腔**(Infraglottic cavity)。

(四)犬气管和支气管的观察

(1)将犬侧卧,在其颈部腹侧正中可触摸到一条形似"洗衣机排水软管"的管道,即为**气管**(Trachea)。

(2)沿颈部腹侧正中线将皮肤切开,清理浅层的结缔组织和肌肉,可观察到由 40～45 个"C"形软骨环连接而成的白色细长管道即为**气管**(图 6-1)。气管是气体进出肺的主要通道。

(3)在颈部腹侧可观察到气管开口于喉,沿颈部腹侧正中向后延伸,自胸腔前口进入胸腔后行走于纵隔内,约在第 5～6 肋间隙的心基背侧发出左、右**支气管**(Tracheal bronchus),后者分别经肺门进入左、右肺。

(4)左、右主支气管经肺门进入肺后反复分支形成的树枝状结构,称**支气管树**(Bronchial tree)。支气管树作为肺的导管部仅是气体在肺内流动的管道,不参与气体交换。

(五)犬肺的观察

(1)将犬侧卧,沿胸腔底壁正中线切开胸壁皮肤,清理浅层肌肉与结缔组织,用手术刀将所有肋骨与肋软骨的连接处切断,向背侧掀起胸侧壁以完全暴露胸腔。

(2)在胸腔内的纵隔两侧可观察到粉红色半圆锥体形器官,即为**肺**(Lung)。肺的质感柔软而富有弹性。在解剖时注意观察肺、心、纵隔以及膈的相互位置关系。

(3)在形态上,可观察到肺的"三面三缘":**肋面**(Costal surface)是指肺与肋相接触的面,在经甲醛固定的动物标本上还能观察到明显的肋压迹;**膈面**(Diaphragmatic surface)是指肺与膈相接触的面,即肺的底面;**纵隔面**(Mediastinum surface)是指肺的内侧与纵隔胸膜相接触的面,其上可观察到明显的**心压迹**(Cardiac impression)、食管压迹以及大血管压迹;在肋骨近端与椎骨交界处可见明显的肋椎沟,在此能观察到钝而圆的**肺背侧缘**;在胸侧壁与纵隔之间可观察到薄而锐的**肺腹侧缘**,在左、右肺的腹侧缘上均可观察到**心切迹**(Cardiac incisure),但左肺的心切迹比右肺略大;在胸侧壁与膈之间可观察到薄而锐的**肺底缘**。

(4)将掀开的胸腔侧壁恢复原位,结合下表在犬标本上认识犬肺在体表的投影位置。

肺的体表投影 {
前　界:肩胛骨后角与肘突连线
上　界:背腰最长肌外侧缘
下后界:肘突至倒数第 2 肋骨近端的弧形连线

（5）在暴露的左、右胸膜腔内可观察到犬的右肺比左肺略大，两肺的叶间隙均较深，故分叶明显。**左肺**可明显分为**前叶**（Cranial lobe）——尖叶、**中叶**（Median lobe）——心叶和**后叶**（Caudal lobe）——膈叶；**右肺**也明显分为**前叶**——尖叶、**中叶**——心叶、**后叶**——膈叶。此外，在右肺的纵隔面还能观察到**副叶**（Accessory lobe）。

（6）在肺的纵隔面中央可观察到支气管、血管、淋巴管和神经出入肺的结构为**肺门**（Hilum of lung），所有出入肺门的这些结构被结缔组织包裹，称**肺根**（Root of lung）。

（7）切开两侧的纵隔胸膜，将一侧支气管、肺动脉与肺静脉切断，取一侧肺浸泡于自来水中，约一周后将肺揉碎，可观察到支气管入肺后反复分支，呈树枝状，即为**支气管树**。

（六）犬纵隔和胸膜的观察

肺没有自主收缩与舒张的功能，胸膜腔的负压环境则实现了呼吸运动从呼吸肌到肺的传导，从而最终实现肺的收缩与舒张功能。胸膜腔的负压环境的实现则依赖**纵隔**（Mediastinum）与**胸膜**（Pleura），因此，纵隔与胸膜是呼吸系统的重要辅助器官。

（1）在胸腔内可观察到心、心包、血管、食管、气管、支气管、神经、淋巴结和胸导管等结构及其表面被覆的胸膜（纵隔胸膜），即为**纵隔**。纵隔将胸膜腔分为左、右两个独立的胸膜腔。心脏所在处的纵隔称**心纵隔**；心脏之前的纵隔称**心前纵隔**；心脏之后的纵隔称**心后纵隔**。

（2）在暴露的胸腔内表面可观察到一层透明的浆膜即为**胸膜**。根据所处的位置可将胸膜分为**胸膜壁层**（Parietal layer of pleura）和**胸膜脏层**（Visceral layer of pleura）。

（3）在胸侧壁内表面观察到的胸膜又称**肋胸膜**（Costal pleura），在膈前面观察到的胸膜又称**膈胸膜**（Diaphragmatic pleura），参与构成纵隔的胸膜又称**纵隔胸膜**（Mediastinal pleura），心包所在处的纵隔胸膜又称**心包胸膜**（Pericardial pleura）。这些胸膜均为胸膜壁层。

（4）在肺表面可观察到的胸膜称**肺胸膜**（Pulmonary pleura），肺胸膜同时也是胸膜脏层。

（5）在胸膜壁层与脏层之间观察到的腔隙即为**胸膜腔**（Pleural cavity），胸膜腔为一负压腔隙，内有少量浆液。

（七）其他家畜动物与犬呼吸系统的比较

1. 喉软骨

多数家畜动物喉的组成较为相似，但是家畜动物与家禽动物喉的组成有较大差异。

（1）家畜动物：构成喉的软骨有会厌软骨、甲状软骨、环状软骨和一对勺状软骨。其中，会厌软骨主要控制喉口的开闭以及引导食物的走向，勺状软骨与甲状软骨之间有声带附着。

（2）家禽动物：喉的软骨仅有一对勺状软骨和一枚环状软骨，无会厌软骨与甲状软骨，无声带（其发声器官为鸣管）。家禽动物喉口的一对肌质瓣膜发挥类似于家畜动物会厌软骨的功能（平时开放，吞咽时关闭），所以禽类动物进食时常伴随抬头动作。

2. 气管

不同动物气管软骨环有较大差异。

（1）牛与羊：气管软骨环背侧缺口的游离端相互重叠，形成气管嵴。在心基背侧，气管分出左、右主支气管之前还发出气管支气管(右尖叶支气管)到右肺尖叶。

(2)猪:气管软骨环背侧缺口的游离端相互重叠或相互接触。

(3)犬:气管软骨环背侧缺口的游离端互不接触,由一层横行平滑肌相连。

(4)家禽:气管由一系列软骨环作为支架,与食管伴行,在颈部后段偏于右侧,入胸腔后回到脊柱腹侧正中,在心基背侧发出左、右支气管入肺。

3.肺

不同动物肺的分叶存在明显差异。

(1)猪与犬:左肺分为前(尖)叶、中(心)叶和后(膈)叶,右肺分为前(尖)叶、中(心)叶、后(膈)叶和副叶。

(2)牛与羊:左肺分为前(尖)叶、中(心)叶和后(膈)叶,右肺分为第一尖叶、第二尖叶、中(心)叶、后(膈)叶和副叶。

(3)马:肺的分叶不明显,左肺分为前(尖)叶和后(心膈)叶,右肺分为前(尖)叶、后(心膈)叶和副叶。

(4)禽类:左、右肺呈扁平的四边形,不分叶,背侧面嵌入肋间,两肺腹侧前部有肺门,支气管入肺后纵贯全肺,称初级支气管。初级支气管发出4群次级支气管而不形成支气管树。初级支气管出肺后连于腹气囊;次级支气管分别与颈气囊、锁骨间气囊、胸前气囊以及胸后气囊相通。

4.纵隔

根据所分布的位置可将纵隔分为心前纵隔、心纵隔和心后纵隔。

(1)多数动物(如牛、羊和猪):纵隔可将胸膜腔分为左、右两个独立的胸膜腔,一侧胸膜腔发生气胸,另一侧肺仍可正常发挥功能。

(2)马和瘦弱犬:心后纵隔常有小孔连通左、右胸膜腔,因此,一侧胸膜腔发生气胸,会使另一侧胸膜腔也发生气胸。

(3)家禽动物:无膈与纵隔,囊胸膜伸张于两肺腹侧,囊腹膜将心及大血管与腹腔内脏隔开。

三、生活中的解剖学

(一)可怕的"PM2.5"

"PM"全称为 Particulate Matter,PM2.5 指空气中空气动力学当量直径≤2.5μm 的颗粒物,又称细颗粒物。相应的,还有 PM10(可吸入颗粒物)。PM10 进入呼吸道后通常沉积在支气管以上部分,且可随呼气被排出体外;而 PM2.5 则可到达呼吸性细支气管膨大为肺泡处,此处由于管径突然变大,气流速度几乎降为 0,故 PM2.5 不易随呼气排出而沉积在肺泡内。PM2.5 易附带有毒、有害物质(例如,重金属、微生物等),因而对人体呼吸系统与心血管系统会产生巨大危害。从 2011 年 1 月 1 日开始,我国环境保护部首次对 PM2.5 的测定进行了规范,截至目前,全国已有 138 个站点开始正式监测 PM2.5 并发布数据。

(二)神奇的"第六感"

犁鼻器是分布于鼻中隔底部的一对盲囊,其经切齿管开口于位于上颚的切齿管口,是感觉外激素的器官。爬行类动物(蜥蜴和蛇类)的犁鼻器最发达,其内壁具嗅黏膜,通过嗅神经与脑相连,例如,蛇通过细长而分叉的舌尖(俗称"信子")搜集空气中的各种信号物质,舌尖退回口腔后又通过切齿管伸入犁鼻器进而产生嗅觉。人类在胚胎与婴儿时期也有发达的犁鼻器,成年后高度退化(部分个体不完全退化)。由人体皮肤制造并释放于周围空间的外激素被犁鼻器感应并传入下丘脑,进而产生异性相吸效应,这就是部分人的"第六感"。目前,学术界对"第六感"的认识仍存争议。

(三)气胸

健康动物的胸膜腔是密闭负压腔隙,就是这种负压环境实现了呼吸运动从呼吸肌向肺的传递。空气经胸部皮肤、食管或肺的破裂孔进入胸膜腔而破坏胸膜腔的负压状态,称气胸。气胸主要表现出因肺换气不足而引起的低氧血症和呼吸性酸中毒。气胸可分为开放性气胸和闭合性气胸。外伤性因素(如枪击伤、咬伤、胸壁刺伤等)多引起开放性气胸;肺破裂或胸部食管穿孔可引起闭合性气胸。对于开放性气胸,应尽快用敷料覆盖胸部创口,并抽出胸膜腔内气体;闭合性气胸一般不引起明显换气不足,胸膜腔内空气会被吸收,故应先密切观察病情变化,如出现呼吸困难再采取胸腔抽气。

四、填图练习

请分别写出图中数字所指示结构的名称。

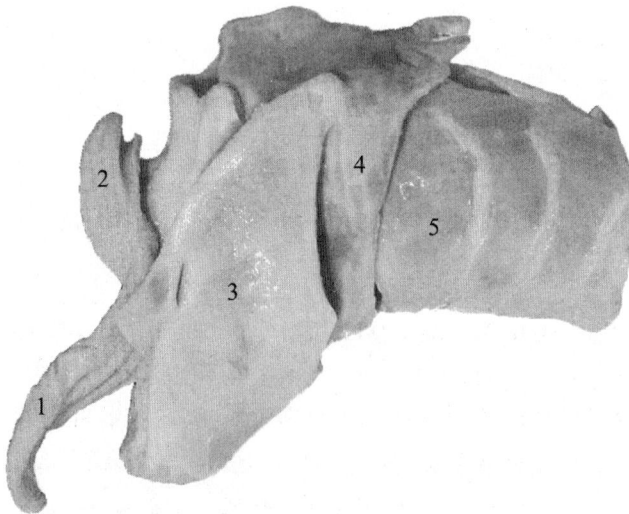

实验七　泌尿系统

一、实验目的

(1)掌握犬泌尿系统的组成、位置、形态和构造。

(2)掌握犬肾的类型、位置、形态和毗邻关系。

(3)掌握犬输尿管起始部的形态结构特点。

(4)掌握犬膀胱的位置、形态、构造及毗邻关系。

(5)了解犬与其他主要家畜动物泌尿系统的差异。

二、实验内容和实验方法

泌尿系统包括肾、输尿管、膀胱和尿道。其中,**肾**(Kidney)是尿液生成的器官,**输尿管** (Ureter)是尿液输送的管道,**膀胱**(Bladder)是暂时贮存尿液的场所,**尿道**(Urethra)是尿液排出的管道。

(一)犬肾的观察

(1)沿腹底壁正中线切开腹底壁的皮肤和肌肉,将腹壁向背侧掀起,暴露腹腔。

(2)在前 3 腰椎椎体腹侧,后腔静脉的右侧可观察到**右肾**,其前端与肝的尾叶相接触,在其内侧前部可观察到右肾上腺;在第 2~4 腰椎椎体腹侧,腹主动脉的左侧可观察到**左肾**,其前端与胃相邻,在其内侧前部可观察到左肾上腺。左、右肾均呈蚕豆形,新鲜时为红褐色,表面光滑。

(3)营养良好的犬的肾表面被脂肪包裹,称**肾脂囊**(Capsula adiposa)。在形态上可观察到肾的内侧缘凹陷,肾的外侧缘隆突并朝向两侧的腹壁。在肾内侧缘可观察到肾动脉、肾静脉、输尿管、神经和淋巴管进出**肾门**(Renal hilum,图 7-1)。

(4)沿肾的长轴将肾做一纵切,在肾的纵切面可观察到外周为颜色较深的**皮质** (Cortical substance,图 7-2),在皮质内可见大量小颗粒,即为**肾小体**(Renal corpuscle);在肾的纵切面的中部可观察到颜色较浅的**髓质**(Medullary substance,图 7-2),在髓质内可见许多纵行纹路,即为肾小管和集合管。

(5)在髓质内侧可观察到所有肾锥体汇合成**肾总乳头**(Common renal papilla),由于肾的表面光滑且肾髓质合并为肾总乳头,故犬肾属于**平滑单乳头肾**。

(6)在肾的内侧缘可观察到肾门向肾实质内凹陷形成一狭小间隙,称**肾窦**(Renal

sinus），在肾窦内可观察到白色的**肾盂**（Renal pelvis，图 7-2）。肾盂呈漏斗形，为输尿管起始处形成的膨大，开口处与肾总乳头相对，肾盂的中央直接延伸为输尿管从肾门发出。

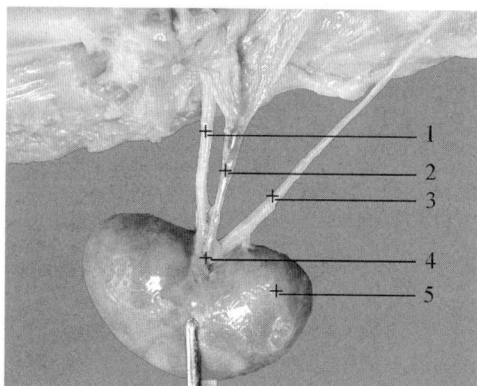

图 7-1　犬肾

1.肾动脉　2.肾静脉　3.输尿管
4.肾门　5.肾

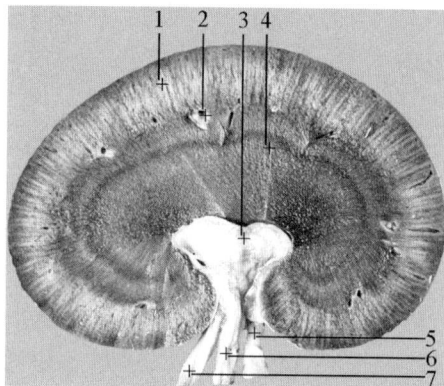

图 7-2　犬肾的纵切面

1.皮质　2.叶间动脉　3.肾盂
4.髓质　5.肾动脉　6.肾静脉　7.输尿管

（二）犬输尿管的观察

（1）在肾窦内可观察到从**肾盂**中央发出一条细长的肌性管道，为**输尿管**（图 7-1，图 7-2）。左、右肾各发生一条输尿管。

（2）在腹腔顶壁可观察到输尿管向后延伸并进入骨盆腔（在骨盆腔内，母犬输尿管大部分位于子宫阔韧带背侧，公犬输尿管位于尿生殖褶中），到达膀胱颈的背侧，斜向穿入膀胱壁。当膀胱充盈时，在膀胱壁内斜行的输尿管因受压迫而关闭，从而有效防止尿液逆流。

（三）犬膀胱的观察

（1）用骨剪将骨盆联合剪开并将髋骨向背侧掀起，暴露骨盆腔。

（2）在骨盆腔内可观察到的白色囊状结构即为**膀胱**，膀胱的形态、大小和位置随贮存尿液量的不同而有所变化。膀胱可分为**膀胱顶**（游离端）、**膀胱体**和**膀胱颈**三部分。

（3）在膀胱表面腹侧可观察到一些浆膜褶与盆腔底壁相连，称**膀胱正中韧带**；在膀胱两侧壁可分别观察到一些浆膜褶与盆腔侧壁相连，称**膀胱侧韧带**；在膀胱侧韧带的游离缘可观察到一索状结构，称**膀胱圆韧带**（Ligamentum teres vesicae），膀胱圆韧带是胚胎时期脐动脉的遗迹。

（四）犬尿道的观察（见实验八、实验九生殖系统）

(五)其他家畜与犬泌尿系统的比较

1. 不同动物肾的比较(表 7-1)

表 7-1　不同动物肾的比较

动物	形状	位置	类型	输尿管起始部
犬	蚕豆形	右肾:固定,位于第 1～3 腰椎椎体的腹侧。 左肾:不固定,受胃内充盈状态而发生变化	平滑单乳头肾	肾总乳头 ↓ 肾盂 ↓ 输尿管
猪	豇豆形	左、右肾均位于最后胸椎至前 3 个腰椎横突的腹侧	平滑多乳头肾	肾乳头 ↓ 肾小盏 ↓ 肾大盏 ↓ 肾盂 ↓ 输尿管
羊	豆形	右肾:位于第 1～2 腰椎的腹侧。 左肾:位于瘤胃背囊后方的第 4～5 腰椎腹侧	平滑单乳头肾	肾总乳头 ↓ 肾盂 ↓ 输尿管
牛	右肾:长椭圆形 左肾:三棱形	右肾:位于最后 2～3 胸椎至前 2～3 腰椎横突的腹侧。 左肾:随瘤胃充盈程度而发生变化	有沟多乳头肾	肾乳头 ↓ 肾小盏 ↓ 两个收集管 ↓ 输尿管
禽类	左、右肾均位于肺后方,腰荐骨两旁和髂骨的肾窝内,分前、中、后三叶		没有肾门,进出肾的血管和输尿管直接从肾表面进出	

2. 不同性别家畜输尿管与膀胱的比较

(1)左、右侧输尿管进入骨盆腔后,公畜的输尿管位于尿生殖褶中,与输精管交叉后伸达膀胱颈背侧,斜向穿入膀胱壁;母畜的输尿管大部分位于子宫阔韧带的背侧。

（2）公畜的膀胱背侧与直肠、尿生殖褶、输精管末端、精囊腺以及前列腺相接；母畜的膀胱背侧与子宫和阴道相接。

三、生活中的解剖学

（一）尿石症

尿石症亦称泌尿系统结石，指尿路中的无机盐结晶的凝结物刺激尿路黏膜而引起的出血、炎症和阻塞的一种泌尿器官疾病。根据结石部位的不同，尿石症有不同名称，如肾结石、膀胱结石和尿道结石。尿石症临床表现为腰腹绞痛、血尿，或伴有尿频、尿急、尿痛等症状。

肾结石是肾脏常见疾病之一，根据成因可分为代谢性结石和感染性结石。代谢性结石是由于代谢紊乱引起的高钙尿症、高尿酸尿症和高草酸尿症等，尿中晶体物质浓度呈过饱和状态，析出结晶并在肾脏局部生长、聚集，最终形成结石。感染性结石是由于可合成尿素酶的细菌分解尿液中的尿素而产生氨，使尿液碱化，尿中磷酸盐及尿酸铵处于相对过饱和状态，发生沉积所致。

膀胱结石是由于下尿路梗阻、膀胱内异物、由肾迁移来的小结石或尿酸盐结晶沉积于膀胱而形成结石。小于 1 岁的雄犬和所有雌犬的尿结石几乎都是磷酸铵镁，除此之外还有尿酸盐、胱氨酸、草酸盐和硅酸盐等。肾结石或膀胱结石在下移过程中会造成输尿管或尿道的损伤，引起血尿。结石长期对膀胱和尿道的机械刺激，可引起尿道炎和膀胱炎。

（二）反流性肾病

正常动物或人的输尿管斜行穿入膀胱颈壁，当膀胱内尿液充盈时可压迫膀胱颈壁内的输尿管斜行段而使其关闭，从而不会发生尿液逆流现象。反流性肾病指膀胱内的尿液沿输尿管反流入肾内，最终导致肾实质病变和肾功能损害。

导致反流性肾病的原因可分为原发性因素和继发性因素。

（1）原发性因素：由于先天性膀胱黏膜下输尿管过短，开口异常，膀胱三角肌层薄弱或缺如等，可导致膀胱输尿管反流。

（2）继发性因素：如①膀胱炎——膀胱三角黏膜下充血、水肿，局部变硬；②神经源性膀胱——膀胱三角肌张力减退，黏膜下输尿管顶面纵行肌收缩不良；③妊娠——高雌激素水平致膀胱三角肌张力减退等。

以上因素均可导致膀胱输尿管反流的发生。

（三）血尿

正常人或动物的尿液中无或含有极少量红细胞，当尿液中含有较多红细胞时则称为血尿。血尿可分为两种类型：①仅在显微镜下才发现红细胞的称为镜下血尿；②肉眼可见的血样尿称为肉眼血尿。血尿的病因包括泌尿生殖系统疾病、尿道邻近器官病变、全身性疾病和其他特发性疾病。血尿依排尿时间先后可分为初始血尿、终末血尿和全程血尿。初始血尿为前尿道病变引起;终末血尿为膀胱颈部、膀胱三角、后尿道以及副性腺病变等引起;全程血尿则为上尿路或膀胱病变引起。无排尿时尿道口出血则为尿道流血。

(四)肾囊肿

肾囊肿是成年人肾脏最常见的一种结构异常,可分为单侧或双侧。随着年龄的增长,肾囊肿的发生率越来越高。该症状的发生机制尚不十分清楚,目前认为单纯性肾囊肿可能是由肾小管憩室发展而来,由于远端小管和集合管憩室随年龄增长而增加,故单纯性肾囊肿的发生率亦随之增加。单纯肾囊肿一般没有症状,不影响肾功能,而且生长缓慢,一般不需要治疗;当囊肿超过 4cm、疼痛明显者或伴有肾素依赖性高血压者,可以考虑穿刺抽液,并注入硬化剂;当囊肿超过 8cm 时,可能需要手术治疗。

四、填图练习

请在泌尿生殖系统模式图中写出数字所指示结构的名称。

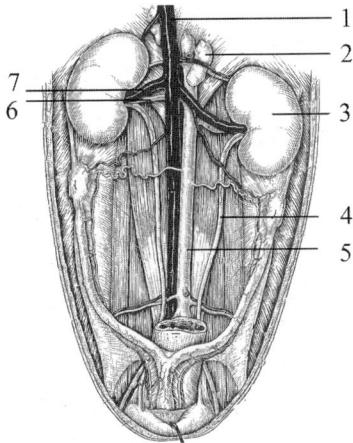

甲

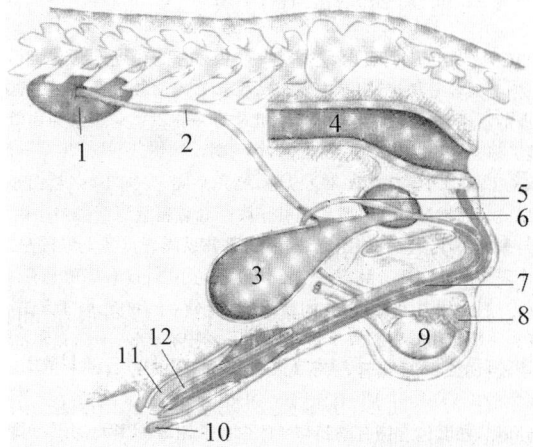

乙

实验八　雄性生殖系统

一、实验目的

（1）掌握公犬生殖器官的组成、形态、位置、结构特征及主要功能。
（2）掌握公犬睾丸、附睾和精索的构造及其主要功能。
（3）掌握公犬副性腺的组成。
（4）掌握公犬阴茎的位置、构造和主要功能。
（5）了解公犬生殖器官与其他主要雄性家畜动物生殖系统的结构差异。

二、实验内容和实验方法

公犬生殖器官分内生殖器（包括睾丸、附睾、输精管、精索、阴囊、尿生殖道和副性腺）和外生殖器（包括阴茎和包皮）。生殖器官的主要功能为产生精细胞、分泌雄性激素以及繁殖新个体。

（一）公犬生殖器的体表观察

（1）让公犬保持站立姿势，在左、右后肢之间以及肛门腹侧、坐骨弓和脐孔之间的腹壁皮下可观察与触摸到长10cm左右的**阴茎**（Penis）。阴茎是排尿、排精和交配器官。

（2）在阴茎前段可触摸到**阴茎骨**（Penis bone）。阴茎骨由部分阴茎海绵体骨化而成，是犬所特有的结构。

（3）在阴茎头周围可观察到的皮肤套为**包皮**（Prepuce），其主要作用为容纳和保护阴茎，向后拉动包皮可暴露出阴茎头，同时可观察到阴茎头起始部膨大为龟头球。

（4）在肛门腹侧的两股之间可观察到的袋状结构为**阴囊**（Scrotum），在阴囊内可触摸到**睾丸**（Testis）。

（二）公犬阴囊的观察

（1）在肛门腹侧的两后肢之间，可观察到一袋状腹壁囊，为**阴囊**。在阴囊表面腹侧正中可观察到**阴囊缝**（Scrotal seam）。

（2）在阴囊缝的一侧沿阴囊纵轴切开阴囊皮肤、肉膜以及阴囊筋膜。在阴囊壁的最内层可观察到由腹膜壁层延续而来的**总鞘膜**（Common vaginal tunica），总鞘膜折转覆盖于睾丸、附睾和精索表面的部分为**固有鞘膜**（Proper vagina tunica，图8-3），总鞘膜延续为固有鞘膜的折转处形成一浆膜褶,称**睾丸系膜**。睾丸系膜下端增厚并连于总鞘膜和附睾尾之间,称**附睾尾韧带**(Ligament of tail epididymis)。总鞘膜与固有鞘膜之间的腔隙为**鞘膜腔**(Vaginal cavity),内有少量浆液,鞘膜腔的上段变窄,称**鞘膜管**(Vaginal canal)。鞘膜管穿过腹股沟管以**鞘膜环**(Vaginal ring)与腹膜腔相通。

(3)在左、右两阴囊腔之间可观察到由肉膜形成的**阴囊中隔**(Scrotal septum),其将阴囊分为两个独立的阴囊腔,每个腔内各容纳一枚睾丸。将阴囊中隔切开,可观察到另一侧阴囊腔内的睾丸。

(三)犬睾丸、附睾和精索的观察

(1)在切开的阴囊内可观察到**睾丸**,切开固有鞘膜,可观察到睾丸表面为一层厚而坚韧的结缔组织,为白膜。从固有鞘膜内小心分离出睾丸、附睾以及与之相连的输精管,可观察到睾丸呈椭圆形,表面光滑。睾丸上有附睾附着的一侧为附睾缘,另一侧为游离缘。

(2)如图 8-1 所示,在睾丸上观察到有血管和神经进出睾丸的一端为**睾丸头**(Head of testis),接**附睾头**(Head of epididymis),另一端为**睾丸尾**(Tail of testis),接**附睾尾**(Tail of epididymis)。睾丸与附睾之间以**睾丸固有韧带**(Proper ligament of testis)相连。

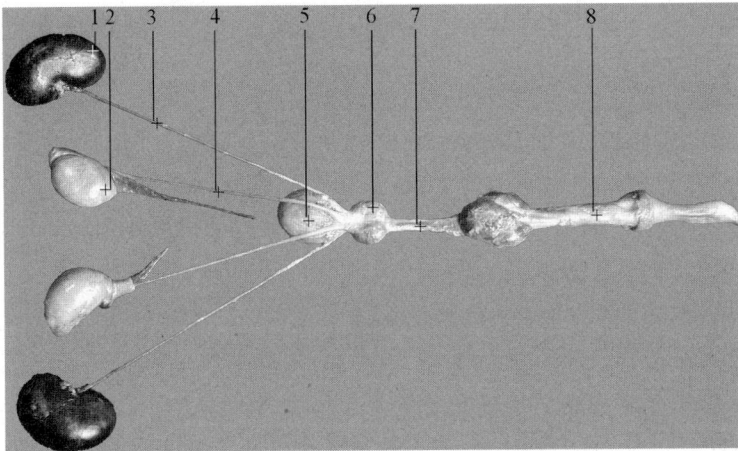

图 8-1　公犬泌尿生殖系统

1.肾　2.睾丸　3.输尿管　4.输精管　5.膀胱　6.前列腺　7.尿生殖道骨盆部　8.尿生殖道阴茎部

(3)沿睾丸正中矢状面切开睾丸,可观察到睾丸实质被白膜分割成许多**睾丸小叶**,睾丸小叶在睾丸纵轴处汇合成**睾丸纵隔**(图 8-3),每一睾丸小叶内有数条**精曲小管**(Contorted seminiferous tubule),其管壁生殖上皮可产生精子;精曲小管在接近睾丸纵隔处变直形成**精直小管**(Straight seminiferous tubule),后者在纵隔内吻合成睾丸网。

(4)在睾丸尾附近的睾丸纵隔内可观察到 10 余条睾丸输出小管从睾丸网发出,穿出睾丸头后形成**附睾头**,附睾头中的睾丸输出小管汇合成附睾管,后者盘曲形成**附睾体**(Body of epididymis)和**附睾尾**。

(5)在附睾尾附近可观察到附睾管离开附睾尾后延伸为**输精管**(Deferent duct),其在睾丸头附近与进出睾丸的脉管(睾丸动脉与蔓状丛)、神经和提睾肌共同被固有鞘膜包裹,形成一圆锥形索状结构,称**精索**(Spermatic cord,图 8-1,图 8-2)。精索基部附着于睾丸头和附睾头,向上逐渐变细,到达腹股沟管内口后仅有输精管进入骨盆腔并开口于精阜。

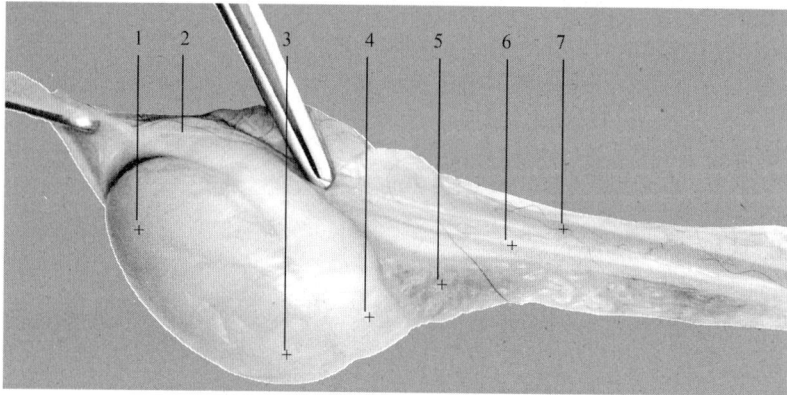

图 8-2　犬睾丸

1.睾丸尾　2.附睾尾　3.睾丸头　4.附睾头　5.蔓状丛和睾丸动脉　6.输精管　7.提睾肌

(四)犬副性腺与精阜的观察

(1)用骨剪将骨盆联合剪开,并向背侧掀起髋骨,暴露骨盆腔,找到膀胱。在膀胱体之后可观察到膀胱颈向后延续为**尿生殖道**(Urogenital tract)。

(2)在尿生殖道起始部背侧,可观察到淡黄色的大而坚实的球状腺体为**前列腺**(Prostate gland),其被一正中沟分为左、右两叶,有多条导管,开口于尿生殖道。在尿生殖道起始部背侧,可观察到左、右输精管在此开口。前列腺的体积在幼龄时较小,性成熟时较大,老年时逐渐退化。前列腺分泌的前列腺液是精液的

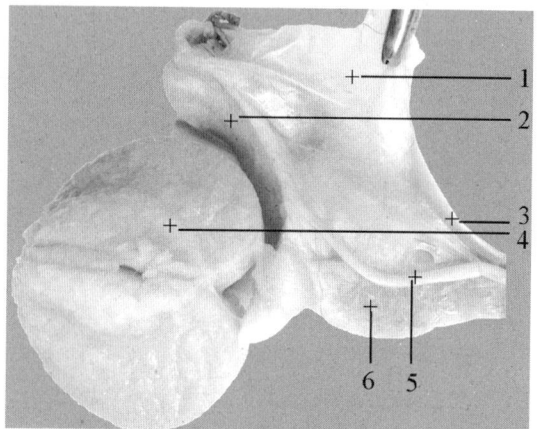

图 8-3　犬睾丸的纵切面

1.固有鞘膜　2.附睾　3.提睾肌
4.睾丸纵隔　5.输精管　6.蔓状丛和睾丸动脉

组成部分,参与活化和运送精子,同时可以吸收精子排出的二氧化碳,增强精子活力;与多数动物不同的是,犬无**精囊腺**(Seminal vesicle)和**尿道球腺**(Bulbourethral gland)。

(3)沿尿生殖道的腹侧正中线将尿生殖做一纵切,在尿生殖道黏膜的输精管开口处所观察到的圆形隆起即为**精阜**(Seminal hillock)。

(五)犬阴茎、包皮的观察

(1)沿脐孔至肛门的连线切开腹壁皮肤,清理皮下结缔组织,完整暴露出阴茎。犬的阴茎可分为**阴茎根**(Root of penis)、**阴茎体**(Body of penis)和**阴茎头**(Head of penis)三个部分。

（2）在坐骨弓两侧的坐骨结节上可观察到左、右阴茎脚附着于此，左、右阴茎脚组成**阴茎根**。两阴茎脚向前合并，呈圆柱状，为**阴茎体**，犬的阴茎体在交配时可向后折转180°；**阴茎头**为阴茎体的延续，阴茎头可分为龟头球（充血后呈球状）和阴茎头长部。

（3）在脐孔后方可观察到**包皮**，其外层为腹壁皮肤，在包皮口折转为包皮内层，包围着龟头球。

（4）阴茎上有三种肌肉，分别为**球海绵体肌**（Bulbocavernous muscle）、**坐骨海绵体肌**（Ischiocavernous muscle）和**阴茎缩肌**（Retractor penis muscle）。在尿道海绵体的腹外侧浅层可观察到**球海绵体肌**，其收缩对射精发挥重要作用，同时还可协助排出余尿。

（5）在坐骨结节与阴茎脚表面观察到的发达的纺锤形肌肉为**坐骨海绵体肌**，其作用为将阴茎向后或骨盆腹侧牵拉，同时还可使海绵体腔充血协助阴茎勃起。

（6）在前两尾椎腹侧与阴茎根腹侧之间可观察到两条平行的带状平滑肌，称**阴茎缩肌**，在阴茎根腹侧汇合后向前延伸，止于阴茎头后方，其收缩可将阴茎隐藏于包皮内。

（六）犬尿生殖道的观察

（1）在阴茎的中部将其做一横切，在阴茎横切面的背侧可观察到左、右两条纵行的**阴茎海绵体**（Cavernous body of penis）。

（2）在左、右阴茎海绵体腹侧的尿道沟内可观察到**尿生殖道**，从坐骨弓至阴茎腹侧的一段称**尿生殖道阴茎部**，其在骨盆腔后口至膀胱颈之间延续为**尿生殖道骨盆部**。

（3）在尿生殖道阴茎部外可观察到管状海绵体，称**尿道海绵体**（Cavernous body of urethra）。在坐骨弓之后的两阴茎脚之间可观察到尿道海绵体稍有膨大，称**阴茎球**（Bulb of penis）或尿道球；在阴茎头起始处可观察到尿道海绵体稍有膨大，称**龟头球**。

（七）其他家畜动物生殖系统的比较

1. 阴囊

不同家畜动物阴囊的位置有较大差异。

（1）牛和羊：阴囊位于腹底壁两股之间，其长轴与地面垂直，有明显的阴囊颈。

（2）马：阴囊位于两股之间，长轴与地面平行。

（3）猪和犬：阴囊斜位于会阴部，肛门下方，与周围界限不清。

（4）禽类：无阴囊，睾丸位于腹腔内。

2. 睾丸和附睾

不同家畜动物睾丸的位置有较大差异。

（1）牛和羊：睾丸长轴与地面垂直，呈椭圆形，睾丸头端朝上，附睾位于睾丸后面，睾丸实质呈黄色。羊的睾丸实质呈白色。

（2）马：睾丸长轴与地面平行，睾丸头在前端，附睾位于睾丸背侧，睾丸实质呈淡棕色。

（3）猪和犬：睾丸位于会阴部，由前下方斜向后上方，睾丸头朝向前下方，附睾位于睾丸前上方，睾丸实质呈淡灰色。

（4）禽类：睾丸位于肾前方腹侧，淡黄色（乌骨鸡的睾丸为黑色），雏禽睾丸的大小与米粒相当,成禽睾丸的大小具有明显季节性变化——生殖季节达到最大,大小与鸽蛋相当。禽类的睾丸通过与腹气囊紧密接触而维持较低温度。禽类的附睾较小,紧贴于睾丸的背内侧。

3. 输精管

输精管经腹股沟管进入骨盆腔后,不同家畜动物的输精管在尿生殖道的开口位置略有不同。

(1)猪、牛和羊:输精管末端与精囊腺导管共同开口于精阜。

(2)马:输精管末端与精囊腺导管合并成短的射精管,开口于精阜;犬的输精管直接开口于精阜。

(3)禽类:睾丸位于腹腔内,输精管不形成精索,其与输尿管伴行,直接开口于泄殖腔的泄殖道内,成禽输精管内因有精液而呈乳白色。

4. 副性腺

多数家畜动物的副性腺包括精囊腺、前列腺和尿道球腺,其分泌物参与构成精液,但是不同家畜动物副性腺的构成与形态有较大差异。更为特殊的是禽类无副性腺。

(1)精囊腺:**牛**的精囊腺呈不规则的长卵圆形;**羊**的精囊腺呈圆形,表面凹凸不平;**猪**的精囊腺十分发达,呈三棱锥体形,导管多数单独开口于精阜;**马**的精囊腺呈梨形囊状,表面平滑,壁薄而腔大,囊壁由黏膜、肌膜和外膜组成;**犬、猫和禽类**均无精囊腺。

(2)前列腺:**牛**的前列腺分腺体部和扩散部,腺体部呈横向的卵圆形,扩散部发达;**羊**的前列腺只有扩散部;**猪**的前列腺与牛的相似,但腺体部较圆;**马**的前列腺发达,由左右侧叶和中间的峡部组成;**犬和猫**的前列腺很发达,腺体部呈淡黄色球形体,环绕在整个膀胱颈和尿生殖道的起始部,扩散部薄,包围尿道盆部;**禽类**无前列腺。

(3)尿道球腺:**牛、羊**的尿道球腺呈胡桃状,外有球海绵体肌覆盖,导管仅有一条,开口处有一半月状黏膜褶遮盖;**马**的尿道球腺呈椭圆形,有 $5\sim8$ 条导管;**猪**的尿道球腺发达,呈长圆柱状,位于尿生殖道骨盆部后 2/3 的背侧;**猫**有一对较小的尿道球腺;**犬和禽类**均无尿道球腺。

5. 阴茎

不同家畜动物的阴茎形态与海绵体结构有较大差异。

(1)牛和羊:阴茎勃起主要靠乙状弯曲的伸直而实现。**牛**的阴茎体在阴囊后方形成乙状弯曲,阴茎头较尖,略向右侧扭转,右侧的浅沟内有尿道突,上有尿道外口;**羊**的阴茎头较膨大,不同品种羊的尿道突略有差异,如**绵羊**的尿道突呈"S"形弯曲,**山羊**的尿道突短而直。

(2)猪:阴茎与公牛的相似,但乙状弯曲位于阴囊的前方,阴茎头扭转呈特殊的螺旋状,尿道外口呈裂隙状,开口于阴茎头前端的外下方。

(3)马:阴茎无乙状弯曲,其勃起主要靠海绵体腔充血而实现。**马**的阴茎呈左、右略扁的圆柱状,粗大但没有乙状弯曲,阴茎头膨大,后缘微突称阴茎头冠,其上有阴茎头窝,内有短的尿道突,尿道突末端有尿道外口。

（4）犬：阴茎无乙状弯曲，其勃起主要靠海绵体腔充血而实现。**犬**的阴茎前段有阴茎骨，阴茎头起始部较为膨大，称龟头球。

（5）禽类：交配器与家畜动物差异较大，**公鸡**的交配器较小，由成对的输精管乳头、淋巴褶和泄殖腔旁血管体以及一个阴茎突构成；**公鸭和公鹅**有较发达的阴茎，勃起时可伸出肛门约5cm；**鸽**无交配器。

三、生活中的解剖学

（一）什么是逆行射精？

由于人和家畜动物的输精管开口于尿生殖道起始处背侧的精阜，故尿生殖道是尿液和精液排出的共同通道，正常射精时从睾丸来的精子由此进入尿生殖道，与副性腺分泌物共同构成精液，最终从尿道口排出。

当膀胱颈括约肌不能关闭或尿生殖道阻力过大时将导致精液逆行流入膀胱内而随尿液一起排出。逆行射精表现为性交时能达到性高潮且有射精感，但无精液从尿道排出，性交后可在尿液中检出精子和果糖。

（二）什么是精索静脉曲张？

由于精子对高温较为敏感，故动物体通过特殊的血管分布方式实现睾丸内的较低温度：精索内的睾丸动脉呈螺旋状分布，睾丸静脉则以许多细小分支呈蔓状缠绕动脉，就是这种动、静脉之间的热交换实现对睾丸动脉血的预冷，从而维持睾丸的较低温度。

精索静脉曲张是蔓状静脉丛的异常扩张、伸长和迂曲，从而导致以精索静脉内血流淤积和形成血栓为特征的局部静脉内血液循环障碍。精索静脉曲张引起血液滞留可能导致睾丸局部温度升高或睾丸缺乏必要的营养供应和供氧，从而影响精子发生和内分泌功能，并可能导致睾丸萎缩。临床上表现为阴囊处的坠胀和牵拉痛，站立和活动时显著，卧床可减轻。该症状多发于年轻男性，可能的诱因有：青壮年性功能较旺盛，血液供应旺盛、长时间站立、腹压升高、肾肿瘤或肾积水等压迫精索静脉。

（三）血精

血精即精液中出现血液，该症状在各种雄性动物均可发生。血精可使精子的受精能力下降或完全丧失。精液中混入的血液可能有多种来源，如副性腺和尿道炎症、输精管开口处发生感染、尿生殖道上皮溃疡、尿生殖道上皮下血管出血、阴茎头有裂伤或刺伤、阴茎海绵体组织在尿道腔和阴茎头出现瘘管、阴茎勃起流出血液等。如发现血精，公畜应停止交配，若是细菌性尿道炎应尽快进行抗菌治疗。

四、填图练习

请在下图中写出数字所指示结构的名称。

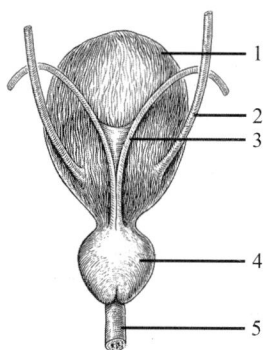

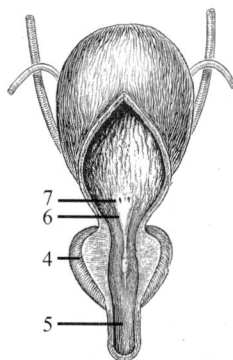

实验九　雌性生殖系统

一、实验目的

(1)掌握母犬生殖器官的组成、形态、位置、结构特征及主要功能。
(2)掌握母犬输卵管的分段及其功能。
(3)掌握母犬子宫的形状、位置和结构。
(4)掌握母犬阴道与子宫颈及阴道前庭的关系。
(5)了解母犬与其他主要雌性家畜动物生殖系统的差异。

二、实验内容和实验方法

母犬生殖器官分为内生殖器(包括卵巢、输卵管、子宫和阴道)和外生殖器(包括尿生殖前庭和阴门),其功能为产生卵细胞、分泌雌性激素以及繁殖新个体。

(一)母犬外生殖器的观察

(1)让母犬保持站立姿势,在肛门腹侧可观察到由左、右**阴唇**(Labium vulvae)构成的**阴门裂**(Vulval slit)。

(2)向左、右两侧拉开阴唇,可观察**尿生殖前庭**(Urogenital vestibulum),其为尿液排出、胎儿娩出和交配器官。

(二)母犬内生殖器的观察

用骨剪将骨盆联合剪开,并向背侧掀起髋骨,暴露出骨盆腔,可观察到**子宫阔韧带**(Broad ligament of uterus)从两侧将卵巢、输卵管和子宫悬吊于腹腔顶壁和盆腔壁上(图9-1)。根据子宫阔韧带所悬吊的器官,子宫阔韧带可分为卵巢系膜、输卵管系膜和子宫系膜三部分。

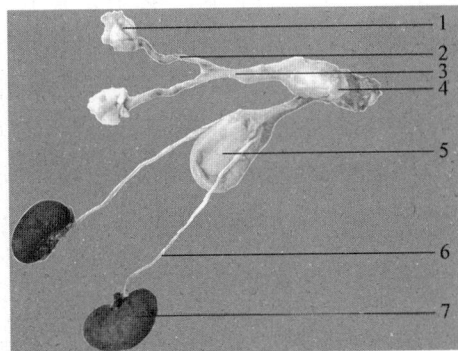

图 9-1　母犬泌尿生殖系统
1.卵巢与输卵管　2.子宫角　3.子宫体
4.阴道　5.膀胱　6.输尿管部　7.肾

(三)犬卵巢的观察

(1)在第3～4腰椎横突腹侧的子宫角前端,可观察到**卵巢囊**(Ovarian bursa,图9-2)——卵巢固有韧带与输卵管系膜之间围成的囊状结构以容纳卵巢。

（2）小心切开卵巢囊可观察到呈长椭圆形的**卵巢**（Ovary）和大部分输卵管（图 9-3）。在成年犬卵巢上可观察到凹凸不平的表面（因不同发育阶段的卵泡突出于卵巢表面），卵巢的背侧借**卵巢系膜**附着于腰下部，卵巢系膜的附着缘是血管、神经和淋巴管进出卵巢的场所，称**卵巢门**（Hilum of ovary）。

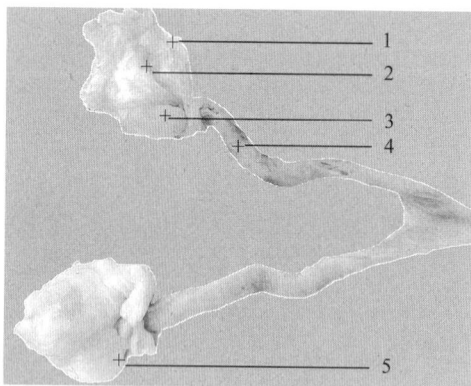

图 9-2　犬卵巢囊

1.切开的卵巢囊　2.输卵管　3.卵巢
4.子宫角　5.未切开的卵巢囊

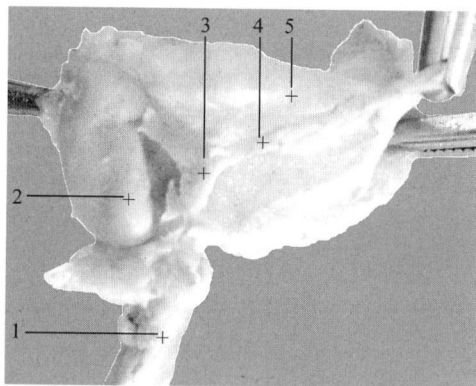

图 9-3　犬卵巢

1.子宫角　2.卵巢　3.输卵管漏斗
4.输卵管壶腹　5.输卵管系膜

（3）卵巢的前端为**输卵管端**，与输卵管漏斗相对，卵巢的后端为**子宫端**。相对于其他家畜动物而言，犬卵巢的位置比较固定。

（四）犬输卵管的观察

（1）在切开的卵巢囊内可观察到**输卵管**（Oviduct，图 9-3）。输卵管是连接卵巢和子宫角的一条弯曲管道，被输卵管系膜固定。

（2）输卵管的前端扩大呈漏斗状，为**输卵管漏斗**（Infundibulum of uterine tube，图 9-3），漏斗的边缘不规则，呈伞状，称**输卵管伞**（Pavilion of oviduct）。在输卵管漏斗的中央可观察到一开口，为**输卵管腹腔口**（Abdominal orifice of uterine tube），是卵细胞进入输卵管的通道。

（3）输卵管漏斗向后延续为一段较粗的管道，为**输卵管壶腹**（Ampulla of uterine tube图 9-3），是卵细胞受精的场所，卵子受精后移行到子宫角着床并发育为胚胎。

（4）输卵管壶腹向后延续为一段较细、较直、较短且壁厚的管道，为**输卵管峡**（Isthmus of uterine tube），其末端以小丘状突入子宫角腔内。

（五）犬子宫与阴道的观察

（1）在骨盆腔内可观察到白色的**子宫**（Uterus）。犬的子宫为双角子宫，壁厚，是胎儿发育的场所。子宫借左、右子宫系膜附着于骨盆腔侧壁。

（2）左、右**子宫角**（Uterine horn）在骨盆联合前方自子宫体分出，位于腹腔内，长直而细，约 12～15cm，呈"V"形（图 9-1），妊娠后的子宫角中部向前下方沉降，可抵达肋弓内侧。

（3）双侧子宫角向后合并为**子宫体**（Uterine body，图 9-1），较短但很明显，约 2～3cm。

(4)子宫体通过**子宫颈**(Uterine cervix,图9-1)连接阴道,子宫颈短,肌层发达。子宫颈平时闭合,发情时松弛,分娩时扩大。

(5)在盆腔内,直肠的腹侧,膀胱和尿道的背侧,子宫颈之后,可观察到**阴道**(Vagina)。阴道是母犬的交配器官和产道。犬的阴道较长,肌层厚,阴道前接子宫颈,后接尿生殖前庭。

(6)沿阴道背侧正中线切开阴道壁,可观察到约1/2子宫颈突入阴道内,形成**子宫颈阴道部**(Vaginal part of cervix),阴道壁与子宫颈阴道部之间形成环形或半环形的隐窝,称**阴道穹窿**(Fundus of vagina)。

(六)犬尿生殖前庭和阴门的观察

(1)在骨盆腔内,直肠的腹侧可观察到生殖道和尿道的共同开口,称**尿生殖前庭**,其前接阴道,后以阴门与外界相通,腹侧壁上有尿道外口。在尿道外口与阴道之间有一黏膜褶,称**阴瓣**(Hymen)。

(2)在肛门腹侧可观察到**阴门**(Vulva),又称外阴。阴门由左、右阴唇组成,两阴唇之间的裂隙为**阴门裂**,两侧阴唇的上下端汇合,形成**阴唇背侧联合和阴唇腹侧联合**。

(3)阴唇背侧联合与肛门之间的部分称**会阴**,在阴唇腹侧联合前方可观察到**阴蒂窝**(Clitoral fossa),其内可观察到**阴蒂**(Clitoris)——由阴蒂海绵体构成,犬的阴蒂窝较大。

(七)其他家畜动物与母犬生殖系统的比较

1. 卵巢

(1)马:马刚出生时的卵巢呈椭圆形,无排卵窝。性成熟后的卵巢呈肾形,其一侧内陷形成排卵窝,朝向输卵管伞。左侧卵巢位于第4~5腰椎横突末端腹侧,右侧卵巢位于第3~4腰椎横突末端腹侧。

(2)牛:卵巢呈稍扁的椭圆形,无排卵窝,中央为髓质,周围为皮质,卵泡成熟后突出于卵巢表面,排卵后形成黄体并凸出于卵巢表面。两侧的卵巢位于两侧子宫角尖端外侧、耻骨前缘附近。

(3)羊:卵巢比牛卵巢圆,体积小,其他特点同牛。

(4)猪:不同阶段卵巢形态差异较大,性成熟前呈肾形;初情期时形似桑葚;初情期后似葡萄串,有大小不等的卵泡、黄体、红体突出于卵巢表面。两侧卵巢在性成熟前位于荐骨岬两侧,随胎次增多,逐渐向前下方移动。

(5)猫:卵巢位于肾后方,其表面有许多白色稍透明的囊状卵泡;黄体呈棕黄色。

(6)禽类:仅左侧卵巢发育,卵泡贮积大量卵黄并突出于卵巢表面。

2. 输卵管

家畜动物与家禽动物的输卵管存在较大差异。

(1)家畜动物的输卵管包括输卵管漏斗、输卵管壶腹和输卵管峡。输卵管壶腹是卵细胞受精场所。

(2)家禽动物的输卵管包括漏斗部、膨大部、峡部、子宫部和阴道部。漏斗部的分泌物形成卵黄系带,同时也是卵细胞受精的场所;膨大部的分泌物形成蛋清;峡部的分泌物形成内、外壳膜;子宫部的分泌物形成蛋壳;阴道部的分泌物形成卵壳外的角质层,同时还是贮存精子的场所。

3.子宫

(1)牛、羊:子宫的特点是有绵羊角状的**子宫角**。子宫角位于骨盆腔内,两子宫角在靠近子宫体处彼此相连但腔体分开,称**伪体**,直肠检查时可触及。在子宫角和子宫体内膜上可观察到约60~120个特殊隆起结构,称**子宫阜**,妊娠时子宫阜参与构成母体胎盘(牛,"子包母"型;羊,"母包子"型)。**子宫颈**粗而坚硬,可作为直肠检查时子宫起点的定位标志,子宫颈突入阴道形成半环状的阴道穹窿,子宫颈管内有彼此契合的小的纵行皱襞和大的横行皱襞,使子宫颈管成为螺旋状。

(2)马:子宫的特点是**子宫角**形似"Y"字形,子宫阔韧带附着在小弯上,将两角悬吊于骨盆腔前口。**子宫体**呈扁管状,较宽大,黏膜面可观察到很多纵皱襞;**子宫颈壁**较软,直肠检查时不易辨识。子宫颈外口突出于阴道内,形成环形的阴道穹窿。

(3)猪:子宫的特点是有长而弯曲的**子宫角**,形似小肠,管壁较厚,颜色较白,俗称"花肠"。**子宫体**较短。**子宫颈**很长,它和子宫体及阴道没有明显的界限,无子宫颈阴道突,因而没有阴道穹窿;子宫颈黏膜上有两排彼此交错的突起,呈螺旋状。

在线学习——卵巢和子宫(视频)

学习心得:

二维码3
卵巢和子宫
(视频)

三、生活中的解剖学

(一)何为胚胎移植?

胚胎移植又称受精卵移植,俗称"借腹生子",是继人工授精后的第二代繁殖技术。胚胎移植技术可使优良母畜免去了冗长的妊娠期,胚胎取出后不久即可再次发情、配种和受精,从而能在一定时间内产生较多的后代。胚胎移植的基本含义为从一只优良雌性动物的输卵管或子宫内取出早期胚胎,移植到另一只同种雌性动物输卵管或子宫内,使其正常发育到分娩,以达到产生优良供体后代的目的。胚胎移植的基本操作过程为供体超数排卵、受体同期发情处理、人工授精、收集胚胎和移植胚胎五个步骤。

(二)什么是宫外孕?

孕卵在子宫腔外着床发育称异位妊娠,俗称"宫外孕"。异位妊娠包括输卵管妊娠、卵巢妊娠和腹膜腔妊娠等。其中以输卵管妊娠最常见(约 95%)，这是由于输卵管管腔或周围的炎症，引起输卵管管腔不通，阻碍孕卵向子宫腔移动，使之在输卵管内停留、着床与发育，不及时治疗将导致输卵管破裂而发生大出血，威胁到孕妇的生命安全。治疗时一般会进行输卵管妊娠流产，这会严重影响女性的生育能力。因此，应当在怀孕前检查输卵管是否通畅。

(三)夺命"羊水栓塞"

当宫缩过强、胎膜破裂以及宫颈或宫体损伤处有开放的静脉或血窦时，羊水中的有形物质(胎毛、胎脂、胎粪等)进入母体血液循环，称为羊水栓塞。一方面，羊水有形物质可成为致敏原作用于母体，引起过敏性休克；另一方面，这些进入血管的有形物质可直接成为栓子进入肺循环，阻塞小血管，激活凝血过程而出现弥散性血栓，从而引起肺动脉高压，造成右心衰竭、左心室输出血量明显减少以及血液循环衰竭，最终导致死亡。一旦怀疑羊水栓塞应立即抢救，可采取抗过敏、纠正呼吸循环功能衰竭和改善低氧血症、抗休克等措施。

(四)神奇的"寄生胎"

深圳一 34 岁男子因肠梗阻入院治疗，手术开腹后发现一巨大肿瘤，后证实该肿瘤实为寄生于其体内的孪生兄弟。此外，2004 年，我国内蒙古一名 12 岁男孩的左胸腔内发现一巨大肿瘤，医生将该肿瘤切开后发现内有头发和牙齿，实为寄生胎；2012 年秘鲁一名三岁男孩的腹中发现寄生胎，内有脑袋和头发，但大脑和心脏没有发育；2012 年我国杭州一位母亲产下三胞胎，其中两个胎儿寄生于第三个胎儿腹中，但已没有生命体征。

寄生胎又称胎内胎或包入性寄生胎，是指孪生胚胎在发育时一个胚胎被包入另一胚胎中，并随之一起生出，吸取其营养，发育畸形，常常会造成寄主的压迫症。寄生胎的存活年限可以很久，甚至长达 30～40 年。寄生胎根据发育程度的不同可分为不同类型，若两个孪生胎分离不完全，则形成连体胎儿；若小胎儿寄生在大胎儿体内，则为寄生胎。

四、填图练习

请在下图中写出数字所指示结构的名称。

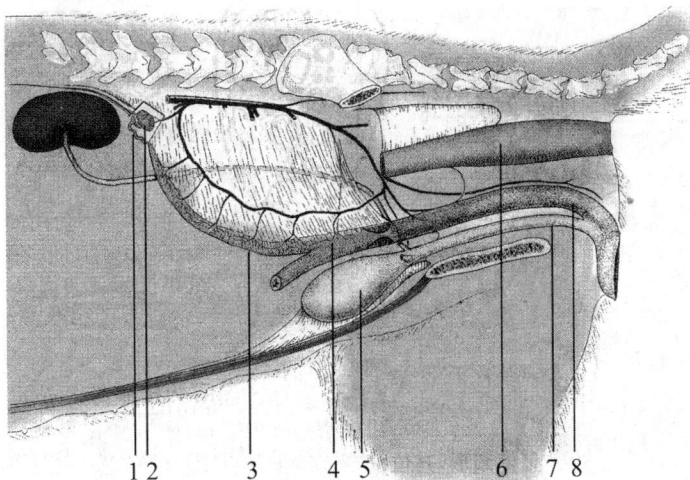

1 2　　　　3　　　4 5　　　　　6　7 8

实验十　心血管系统

一、实验目的

（1）掌握犬心的位置、形态与结构，掌握血液在心脏的流动方向。

（2）掌握犬各级主动脉的分布规律。

（3）掌握犬肺静脉、前腔静脉和后腔静脉的分布规律。

（4）了解犬与其他主要家畜动物心血管系统的差异。

二、实验内容和实验方法

（一）犬心脏位置与纵隔的观察

（1）切开左、右侧胸壁的皮肤和肌肉，沿肋骨与肋软骨交界处切断肋，向背侧掀起胸侧壁的肋骨，完全暴露胸腔。

（2）在胸腔内可观察到心脏位于纵隔内，略偏左，夹于左、右肺之间，其前、后缘分别与第 3 和第 7 肋骨相对，心基大致与肩关节水平线齐平，心尖抵达胸骨（图 10-1）。

（3）掀开两侧肺叶，在胸腔正中矢状面可观察到**纵隔**（Mediastinum），其由纵隔胸膜以及夹于其间的气管、食管、前腔静脉、主动脉、心和心包组成，将胸膜腔分为左右两个独立的腔隙。

（4）在纵隔内可观察到**心包**（Pericardium）。心包是包裹在心表面的锥形囊，其囊壁由纤维性心包和浆膜性心包构成。其中，纤维性心包是心包的最外层，薄而坚韧，其背侧附着于心基部的大血管，其腹侧分别由**胸骨心包韧带**（Sternopericardiac ligament）和**膈心包韧带**（Phrenopericardiac ligament）固定于胸骨和膈。

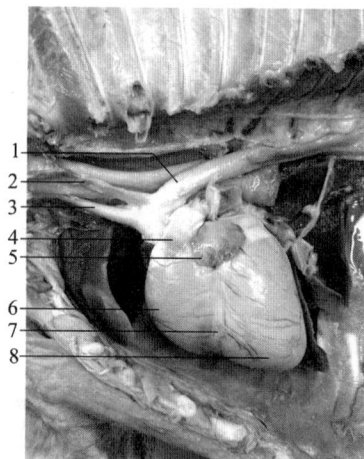

图 10-1　犬心脏

1.主动脉弓　2.左锁骨下动脉
3.臂头动脉干　4.肺动脉干
5.左心耳　6.右心室
7.左纵沟　8.左心室

（5）紧贴于纤维性心包内表面的是浆膜性心包，其包括紧贴于纤维性心包内表面的**壁层**与紧贴于心脏表面的**脏层**，两者之间围成的密闭腔隙为心包腔。剪开纤维性心包和浆膜性心包壁层，可观察到心包腔内有少量液体，为心包液,起润滑作用。

(二)犬心脏结构的观察

1. 心脏外部结构观察

(1)剪开心包,将心脏完全暴露,可观察到心的前缘隆凸,后缘平直。在心的表面可观察到三条沟(分别为冠状沟、锥旁室间沟和窦下室间沟),沟内有心的营养性血管。

(2)在心基部可观察到一被脂肪填充的"C"形浅沟,即为**冠状沟**(Coronary groove),冠状沟内有冠状动脉分布,冠状沟可作为心房(上)和心室(下)的表面分界。

(3)在心脏左侧面的动脉圆锥附近可观察到一条自冠状沟向下延伸但不达心尖的纵行浅沟,即为**锥旁室间沟**(Paraconal interventricular groove),也称左纵沟(图 10-1)。左纵沟内主要有左冠状动脉和心大静脉。左纵沟几乎与左心室缘平行,因此可作为左、右心室的分界标志。

(4)在心脏右侧面的右腔静脉窦附近可观察到一条自冠状沟向下伸达心尖的纵行沟,称**窦下室间沟**(Subsinuosal interventricular groove),也称右纵沟。右纵沟内主要有右冠状动脉和心中静脉。右纵沟也是左、右心室的表面分界。因此,可沿左、右纵沟做一假想平面,假想平面之前的心室为右心室,假想平面之后的心室为左心室。

2. 右心房与右心室内部结构观察

(1)在右心室的背侧可观察到前、后腔静脉汇合后共同开口于右心房,在两者汇合处将前、后腔静脉做一纵切,同时沿冠状沟做一环切,掀开右心房,可观察到前、后腔静脉在右心房开口处形成一膨大空腔,即为**腔静脉窦**(Sinus of venae cavae)。

(2)在右心房表面可观察到一盲囊状结构突出于心脏表面,称**右心耳**(Right auricle)。**腔静脉窦**与**右心耳**共同构成右心房。

(3)在前、后腔静脉口之间可观察到一半月形的**静脉间结节**(Intervenous tubercle,图 10-3),其具有分流来自前、后腔静脉的血液,避免血液相互撞击的作用。

(4)在后腔静脉口附近的房间隔上可观察到一**卵圆窝**(Oval fossa),其为胚胎时期卵圆孔闭合的遗迹。在右心耳内表面可观察到许多纵行排列的肌肉,称**梳状肌**(Pectinate muscle,图 10-3)。

(5)沿右心室侧壁切开右心室,可观察到右心室内有两个口,与右心房相通的为**右房室口**,与肺动脉相通的为**肺动脉口**。

(6)在右房室口可观察到**纤维环**、三片**右房室瓣**(Right atrioventricular valve)、**腱索**(Chordae tendineae)和**乳头肌**(Papillary muscle)四种特殊结构。在心室壁上一般可观察到三个乳头肌,每个乳头肌与两片房室瓣相连,同时,每片房室瓣与两个乳头肌相连,可有效防止血液逆流。

(7)在**肺动脉口**可观察到纤维环固定着三片**半月瓣**(Semilunar valve,图 10-2),也称僧帽瓣。三片半月瓣形成的袋口均朝向肺动脉干,可有效防止血液从肺动脉干逆流回右心室。向肺动脉干内注入自来水可模拟血液逆流引起半月瓣关闭这一现象。

(8)在心室侧壁与室间隔之间能观察到**心横肌**(亦称隔缘肉柱),作用是防止心室的过度扩张。

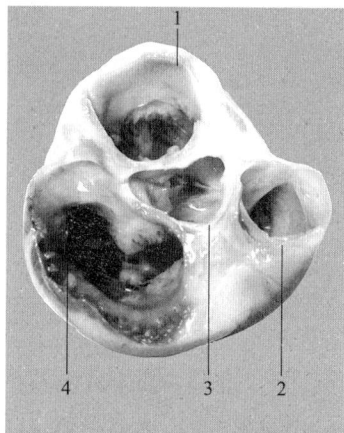

图 10-2　犬心脏

1. 左房室口　2. 肺动脉口

3. 主动脉口　4. 右房室口

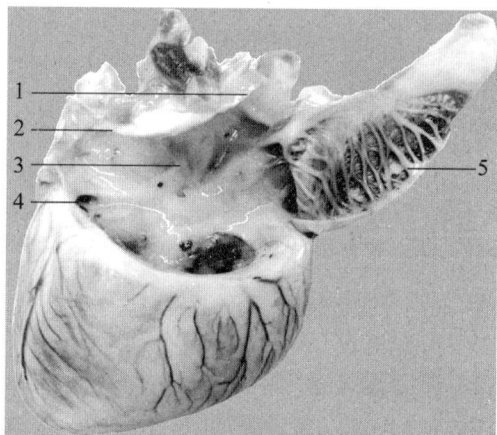

图 10-3　犬右心房内部结构

1. 前腔静脉　2. 后腔静脉

3. 静脉间结节　4. 冠状窦　5. 梳状肌

3. 左心房与左心室内部结构观察

（1）在左心房表面可观察到 5～8 个**肺静脉口**的开口，所有肺静脉在左心房的开口处形成一膨大的空腔，称**腔静脉窦**（沿肺静脉口切开左心房壁，可观察到该结构）。

（2）在左心房表面可观察到一突出于心脏表面的盲囊即为**左心耳**，其内表面有**梳状肌**。左心房同样也由**腔静脉窦**和**左心耳**构成。

（3）沿左心室侧壁切开左心室，可观察到两个口，与左心房相通的为左房室口，与升主动脉相通的为主动脉口。与右心相似，在**左房室口**可观察到**纤维环**、两片**左房室瓣**（Left atrioventricular valve）、**腱索和乳头肌**；在主动脉口可观察到纤维环固定着三片**半月瓣**（图10-2），在主动脉基部可观察到左、右冠状动脉的开口；在心室壁与室间隔之间可观察到两条粗大的**心横肌**。

（三）犬肺动脉干与各级主动脉的观察

1. 肺动脉干的观察

掀起胸侧壁，完全暴露胸腔，以心脏发出的动脉为主线，依次观察各段主动脉。

（1）在右心室可观察到**肺动脉干**（Pulmonary trunk）自肺动脉口发出，肺动脉干在左、右心耳之间以及主动脉的左侧向后上方延续（图10-1），之后分为左、右肺动脉，经肺门入肺。

（2）肺动脉干与主动脉之间有**动脉韧带**（Arterial ligament）相连，是胚胎期动脉导管退化后的遗迹。

2. 主动脉弓的观察

（1）在心基部可观察到**主动脉**自左心室的主动脉口发出，其中，在肺动脉干和左、右心房之间观察到的主动脉为**升主动脉**（Ascending aorta）。

（2）升主动脉出心包后，呈弓状向后延伸到第 6 胸椎腹侧，称**主动脉弓**（Aortic arch）。主动脉弓继续向后延续为**降主动脉**（Descending aorta），根据分布位置又可将降主动脉分为**胸主动脉和腹主动脉**。

（3）在主动脉弓凸面可观察到两个分支，背侧支为**左锁骨下动脉**（Left subclavian artery），腹侧支为**臂头动脉干**（Brachiocephalic trunk，图 10-1），两者是前肢和头颈部的动脉主干。

（4）在胸前口处可观察到臂头动脉干发出左、右**颈总动脉**（Common carotid artery）和**右锁骨下动脉**（Right subclavian artery）。

3. 左、右锁骨下动脉的观察

（1）左、右前肢的动脉主干为**锁骨下动脉**（Subclavian artery），在胸腔内可观察到左、右锁骨发出**椎动脉**（Vertebral artery）分布于颈背侧肌、颈腹侧肌和脊髓；**肋颈动脉干**（Costocervical trunk）分布于肩颈部的肌肉和皮肤；**胸廓内动脉**（Internal thoracic artery）分布于心包、胸腺、纵隔、胸壁肌和乳房；**颈浅动脉**（Superficial cervical artery）分布于肩关节前方的肌肉和颈浅淋巴结。

（2）可观察到左、右锁骨下动脉离开胸腔后主要分布于前肢的肌肉和皮肤。左、右锁骨下动脉分别绕过第 1 肋骨前缘，在肩关节内侧移行为**腋动脉**（Axillary artery）。

（3）腋动脉在臂部内侧分出胸廓外动脉、肩胛上动脉、肩胛下动脉和旋肱前动脉后向下延续为**臂动脉**（Brachial artery）。

（4）在前臂近端可观察到臂动脉分出骨间总动脉后延续为位于前臂内侧的**正中动脉**（Median artery）。

（5）在前臂远端可观察到正中动脉延续为位于掌骨掌内侧的**指总动脉**（Common digital artery），指总动脉继续发出指掌侧第 1～4 总动脉。

4. 左、右颈总动脉的观察

（1）在气管附近可观察到**颈总动脉**（Common carotid artery），其与迷走交感干形成血管神经束向头部延伸。

（2）在寰枕关节腹侧可观察到颈总动脉发出三个分支：**枕动脉**（Occipital artery）——分布于枕部肌肉和皮肤、咽、中耳、脑膜、脑和脊髓等；**颈内动脉**（Internal carotid artery）——分布于脑和脑膜；**颈外动脉**（External carotid artery）——分布于面部、口腔、鼻、脑和脑膜等。

（3）在寰枕关节腹侧观察到左、右颈总动脉分叉处形成膨大结构，分别为**颈动脉窦**（Carotid sinus）——压力感受器和**颈动脉球**（Carotid glomus）——化学感受器，两者较难通过肉眼区分。

5. 胸主动脉的观察

（1）在胸椎椎体腹侧略偏左可观察到**胸主动脉**（Thoracic aorta），其为主动脉弓的直接延续。

（2）在肋间肌浅层可观察到胸主动脉壁支，分别为 12 对**肋间背侧动脉**（Dorsal

intercostal artery)和 1 对**肋腹背侧动脉**(Dorsal costoabdominal artery),主要分布于胸壁和腹前壁的肌肉与皮肤。

(3)在支气管、食管与胸主动脉之间可观察到胸主动脉脏支,称**支气管食管动脉**(Bronchoesophageal artery),其常起始于第 5 肋间背侧动脉,之后分为支气管支(伴随左、右支气管入肺,是肺的营养性血管)和食管支(分布到食管、心包和纵隔)。

6.腹主动脉的观察

(1)在腰椎椎体腹侧可观察到**腹主动脉**(Abdominal aorta),其为胸主动脉穿过膈的主动脉裂孔后的直接延续。

(2)在腹腔内可观察到腹主动脉的脏支,从前向后依次为不成对的**腹腔动脉**(Celiac artery)、**肠系膜前动脉**(Cranial mesenteric artery)、**肾动脉**(Renal artery)、**睾丸/卵巢动脉**(Testicular/Ovarian artery)和**肠系膜后动脉**(Caudal mesenteric artery),主要分布于腹腔各脏器。

(3)腹主动脉的壁支为 7 对**腰动脉**(Lumbar artery)和**旋髂深动脉**(Deep circumflex iliac artery),主要分布于脊髓、腰腹部的肌肉和皮肤,在解剖操作时不易观察到。

7.左、右髂内动脉的观察

(1)在第 6 腰椎椎体腹侧,可观察到自腹主动脉向两侧对称发出**髂内动脉**(Internal iliac artery),沿髂骨翼盆面和荐结节阔韧带的内侧面向后延伸,是骨盆部的动脉主干,其主要分布于骨盆腔内的泌尿(生殖)器官以及荐(臀)部的肌肉和皮肤。

(2)犬的髂内动脉在骨盆腔内依次发出:**脐动脉**(Umbilical artery)——出生后退化为膀胱圆韧带;**臀后动脉**(Caudal gluteal artery)——向后分出臀前动脉和髂腰动脉;**阴部内动脉**(Internal pudendal artery)——向后分出前列腺动脉/阴道动脉、会阴腹侧动脉、阴茎动脉/阴蒂动脉。

8.左、右髂外动脉的观察

(1)在第 6 腰椎椎体腹侧,可观察到自腹主动脉向两侧对称发出的左、右**髂外动脉**(External iliac artery)。左、右髂外动脉沿骨盆前口向后下方延伸,至耻骨前缘延伸为左、右股动脉。髂外动脉是后肢的动脉主干,主要分布于后肢的肌肉和皮肤。

(2)左、右髂外动脉在股骨内侧的股管(内收肌、股薄肌、耻骨肌和缝匠肌围成的管状结构)内延续为**股动脉**(Femoral artery);股动脉在膝关节后方延续为**腘动脉**(Popliteal artery);腘动脉在腘肌深面分为细小的胫后动脉和粗大的**胫前动脉**(Cranial tibial artery);胫前动脉穿过小腿骨间隙沿胫骨前肌和胫骨之间向下延伸,在跗关节背侧延伸为**足背动脉**(Dorsal pedal artery)和**跖背侧第 3 动脉**(Dorsal metatarsal Ⅲ)。

(四)犬静脉的观察

肺循环的静脉仅包括肺静脉;体循环的静脉根据其分布与功能可分为右奇静脉、前腔静脉、后腔静脉和心静脉。

(1)剪断肋骨与肋软骨的软骨连接,掀起胸侧壁,暴露胸腔。

（2）在左心房可观察到约有 6 支**肺静脉**（Pulmonary vein）的开口。这些肺静脉由肺毛细血管汇集而成，与肺动脉和支气管伴行，开口于左心房。

（3）在胸主动脉右背侧可观察到**右奇静脉**（Right azygos vein，图 10-4），右奇静脉穿过膈的主动脉裂孔进入胸腔后在第 6 胸椎附近注入前腔静脉，其收集大部分胸壁、气管、支气管、食管和腹壁前部（1、2 对腰静脉、肋腹背侧静脉、部分肋间背侧静脉、食管静脉、支气管静脉）的静脉血，之后汇入前腔静脉并最终注入右心房。

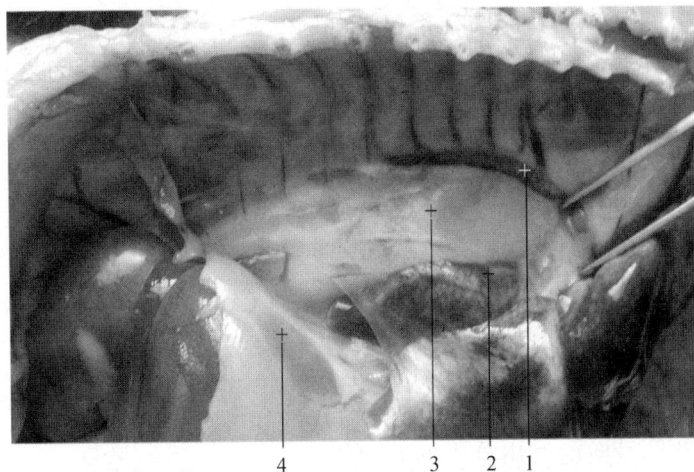

图 10-4　犬右奇静脉
1.右奇静脉　2.肺　3.胸主动脉　4.膈

（4）在胸前口处，可观察到左、右颈外静脉和左、右锁骨下静脉汇合成左、右臂头静脉，后者继而合并形成**前腔静脉**（Precaval vein）。头、颈、前肢和部分胸壁与腹壁（颈外静脉、颈内静脉、锁骨下静脉、肋颈静脉、胸廓内静脉）的静脉血经前腔静脉最终注入右心房。

（5）在暴露的腹腔内，可观察到左、右髂总静脉在第 5～6 腰椎腹侧汇合成**后腔静脉**（Postcaval vein），并沿腹主动脉右侧前行，经过肝的腔静脉沟，穿过膈的腔静脉裂孔进入胸腔，汇入右心房。腹部、骨盆部、尾部和后肢（左、右髂总静脉，腰静脉，肝静脉，肾静脉，睾丸/卵巢静脉）的静脉血经后腔静脉最终注入右心房。

（五）胚胎期心血管系统特殊结构遗迹的观察

1. 动脉韧带

在成年犬的肺动脉干与主动脉之间可观察到一短韧带，即为**动脉韧带**（Arterial ligament）。在胎儿时期，右心房内的静脉血无须输送到肺进行气体交换，为提高血液循环效率，肺动脉干与主动脉之间经动脉导管直接连通。动脉导管在动物出生后发生闭锁并退化为动脉韧带，若未发生闭锁则会造成动物出生后动、静脉血的混合，从而降低动物血液输送效率。

2. 膀胱圆韧带

在膀胱顶与脐孔之间的腹腔底壁可观察到两条**膀胱圆韧带**（Round ligament of bladder）。在胎儿时期，髂内动脉发出的左、右脐动脉分别从膀胱两侧缘前行至膀胱顶，并沿腹底壁延伸至脐孔，最终到达胎盘。因此，胎儿的代谢产物可经此途径到达胎盘进行物质交换。脐动脉在动物出生后逐渐闭锁并最终退化为膀胱圆韧带。

3. 肝圆韧带

在肝与脐孔之间可观察到**肝圆韧带**（Round ligament of liver）。在胎儿时期，起始于胎盘毛细血管的脐静脉经脐孔进入胎儿肝脏。因此，经胎盘完成物质交换后的新鲜血液经此途径进入胎儿血液循环。脐静脉在动物出生后闭锁退化为肝圆韧带。

4. 卵圆孔与静脉导管索

（1）卵圆孔见本实验"犬心脏结构的观察"部分。

（2）静脉导管索不易被观察到。

（六）其他家畜动物与犬心血管系统的比较

1. 主动脉弓

不同动物主动脉弓向前发出分支的差异较大。

（1）牛与羊：主动脉弓凸面发出臂头动脉干，至第1肋间隙发出左锁骨下动脉后延伸为双颈动脉干并发出右锁骨下动脉。

（2）猪、犬和猫：主动脉弓凸面发出臂头动脉干（腹侧）和左锁骨下动脉（背侧），臂头动脉干向前发出左、右颈总动脉后延伸为右锁骨下动脉。

（3）禽类：主动脉弓凸面发出左、右臂头动脉，每侧臂头动脉分别发出颈总动脉和锁骨下动脉。

2. 腹腔动脉

腹腔动脉主要分布于肝、胃、脾、胰以及十二指肠前部，不同动物的腹腔动脉分支差异较大。

（1）牛：主要分支有肝动脉、脾动脉、瘤胃左动脉、瘤胃右动脉和胃左动脉。

（2）马与犬：主要分支有肝动脉、脾动脉和胃左动脉。

（3）猪：主要分支有膈后动脉、肝动脉和脾动脉，其中脾动脉发出胃左动脉。

3. 髂内动脉

髂内动脉为骨盆部的动脉主干，不同动物的髂内动脉分支差异较大。

（1）牛：主要分支有脐动脉、髂腰动脉、臀前动脉、前列腺动脉或阴道动脉、臀后动脉和阴部内动脉。

（2）猪：主要分支有脐动脉、髂腰动脉、臀前动脉、前列腺动脉或阴道动脉、臀后动脉和阴部内动脉。

（3）犬：主要分支有脐动脉、臀后动脉和阴部内动脉，其中臀后动脉发出臀前动脉和髂腰动脉,阴部内动脉发出前列腺动脉或阴道动脉、会阴腹侧动脉、阴茎动脉或阴蒂动脉。

三、生活中的解剖学

(一)什么是动脉粥样硬化?

动脉粥样硬化是动脉硬化中最重要的一种,该病的发生最初是由于血管内皮细胞功能障碍,脂质通过内皮间隙进入内皮下组织并损伤内皮细胞,之后在巨噬细胞的作用下形成粥样硬化斑块并不断增大,从而引起动脉狭窄,最终导致该血管所分布的组织或器官发生缺血或坏死。由于动脉内膜积聚的脂质外观呈黄色粥样,故称动脉粥样硬化。

(二)什么是冠心病?

冠心病是一种由冠状动脉器质性狭窄(动脉粥样硬化或动力性血管痉挛)或血栓造成血管阻塞而引起的心肌缺血缺氧(心绞痛)或心肌坏死(心肌梗死)的心脏病,亦称缺血性心脏病。休息或含服硝酸甘油可缓解(心肌坏死患者无效)。引发冠心病的因素包括高胆固醇血症、高血压、高脂血症、糖尿病、吸烟、肥胖以及遗传等。

(三)什么是冠状动脉造影?

冠状动脉造影是利用导管对冠状动脉进行放射影像学检查,是诊断冠心病最重要的方法,医学界称其为"金标准"。检查方法是通过外周动脉血管送入直径为 2mm 的造影导管至冠状动脉(在 X 光的帮助下),注入少量造影剂,使冠状动脉显影,可准确显示血管情况。

(四)心脏支架为何物?

心脏支架又称冠状动脉支架,是一种常用的心脏介入器械。发生心脏冠状动脉狭窄后,可经臂动脉插入导管并伸达心脏冠状动脉,同时将支架放置在血管狭窄的部位,即可疏通发生狭窄的血管,让心肌重新恢复供血。如果支架植入后,患者未能坚持服药,没有改变不良的生活方式,血压、血脂和血糖未得到有效控制,支架在植入后 6～8 个月时可出现支架内再狭窄,严格来说支架手术不是治疗方法,只是一种急救措施。

(五)什么是心脏搭桥?

心脏搭桥即冠状动脉旁路移植术,是目前全世界范围内治疗冠状动脉狭窄、心肌缺血最有效的手段之一。目前,心脏搭桥术已较为成熟,国内心脏搭桥手术成功率达 97%～98%。手术方法为用移植的血管(常为自体大隐静脉、小隐静脉、胸廓内动脉、桡动脉、胃网膜右动脉、腹腔下动脉,大隐静脉是最常用材料)在主动脉与梗阻冠状动脉远端之间建立一条血管通路,让心脏搏出的血从主动脉经过所架的血管桥,流向因狭窄或梗阻的冠状动脉远端而到达缺血的心肌,从而改善心肌的缺血、缺氧状态。

四、填图练习

请在下图中写出数字所指示结构的名称。

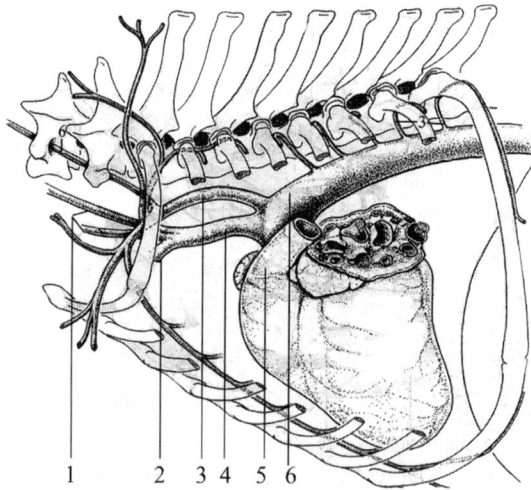

　　1　　　2　3　4　5　6

实验十一　淋巴系统

一、实验目的

（1）了解犬主要淋巴管的分布。
（2）掌握犬主要淋巴器官的解剖特点。
（3）掌握犬胸导管和右淋巴导管的分布。
（4）掌握犬主要淋巴结的分布。
（5）了解犬与其他主要家畜动物淋巴系统的差异。

二、实验内容和实验方法

淋巴（Lymph）是指组织液（由毛细血管滤出）与周围组织细胞进行物质交换后渗入毛细淋巴管的液体。淋巴在淋巴管内向心流动，最后注入静脉。淋巴系统由淋巴管道、淋巴组织、淋巴器官和淋巴组成。淋巴管道为起始于组织间隙，最后注入静脉的管道；淋巴组织为含有大量淋巴细胞的网状组织；经被膜包裹的淋巴组织即为淋巴器官；淋巴组织或淋巴器官可产生淋巴细胞。

犬的淋巴器官可分为**中枢淋巴器官**（Central lymphatic organ）和**外周淋巴器官**（Peripheral lymphatic organ）。中枢淋巴器官有**胸腺**（Thymus），外周淋巴器官主要包括**脾**（Spleen）、**扁桃体**（Tonsil）、**淋巴结**（Lymph node）和**血淋巴结**（Hemolymph node）等。

（一）犬胸腺的观察

在胸腔入口处的胸腔前部纵隔内可观察到的粉红色组织，即为胸腺（图 11-1）。幼犬出生后，胸腺持续生长，性成熟时体积达到最大。之后逐渐退化萎缩，最后被结缔组织或脂肪组织代替，但并不完全消失。胸腺既是淋巴器官，也具有内分泌功能。

（二）犬脾的观察

在最后肋骨近端和第 1 腰椎横突腹侧，胃左侧与左肾之间可观察到**脾**（图 11-2），色暗红，呈镰刀形，壁面凸，脏面凹，脏面可见脾门。脾是淋巴器官，也具有造血、滤血和贮血等功能。

（三）犬扁桃体的观察

将犬的口腔张开，在软腭和咽的黏膜下组织内能观察到的卵圆形隆起即为**扁桃体**。

扁桃体发出输出管汇入附近淋巴结；扁桃体没有输入管。

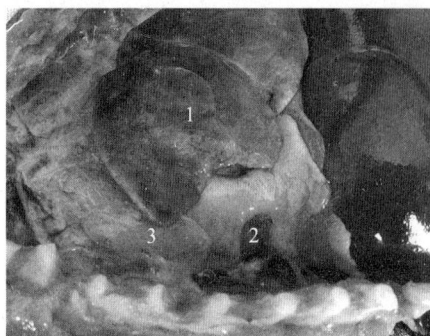

图 11-1 犬胸腺

1.肺 2.心 3.胸腺

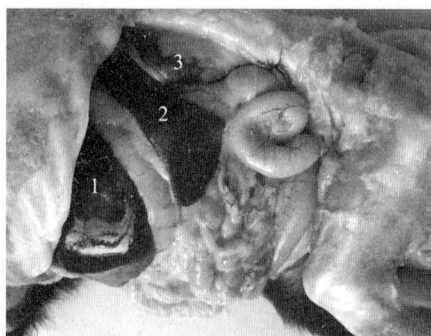

图 11-2 犬脾

1.肝 2.脾 3.肾

(四)犬乳糜池、胸导管和右淋巴导管的观察

淋巴管(Lymph vessel)是淋巴液通过的管道，依其口径大小、管壁厚薄，分为毛细淋巴管、淋巴管、淋巴干和淋巴导管，多与血管和神经伴行。其中，**毛细淋巴管**(Lymphocapillary vessel)分布广泛，除无血管分布的组织外(如上皮、角膜、晶状体等)，几乎遍布全身。肠绒毛内的毛细淋巴管因收集了由肠黏膜吸收来的脂肪而呈乳白色，又称**乳糜管**(Lacteal)。**淋巴干**(Lymphatic trunk)为一个区域内的淋巴集合管，多与大血管伴行，动物体主要淋巴干有气管淋巴干、腰淋巴干和内脏淋巴干(包括腹腔淋巴干和肠淋巴干)；淋巴干汇合成的**淋巴导管**(Lymphatic duct)是动物机体中最大的淋巴集合管，包括胸导管和右淋巴导管两条。

(1)沿胸骨正中线剪断胸骨并向背侧掀起胸侧壁，同时沿腹白线剪开腹壁肌肉并向背侧掀起，暴露出胸腔和腹腔。在最后胸椎和第 1 腰椎腹侧，于主动脉和右膈脚之间可观察到一长梭形膨大结构，为**乳糜池**(Cisterna chyli)，其收集左、右腰淋巴干和腹腔淋巴干的淋巴。

(2)在乳糜池前方可观察到一条全身最大的淋巴管道自此发出，该淋巴管道即为**胸导管**(Thoracic duct)。胸导管穿过膈的主动脉裂孔进入胸腔，沿胸主动脉右上方和右奇静脉的右下方前行，约在第 6 胸椎处注入前腔静脉，收集胸上壁、胸侧壁、左侧胸下壁、左肺和心脏左半部的淋巴。

(3)在气管右背侧，可观察到与颈内静脉伴行的**右淋巴导管**(Right lymphatic duct)，最终注入前腔静脉，主要收集右侧头颈、右前肢、右肺、心脏右半部以及右侧胸下壁的淋巴。

(五)犬主要淋巴结的观察

淋巴结形态多样，颜色各异，凹陷的一侧为淋巴结门(有输出淋巴管)，隆凸的一侧有输入淋巴管进入。淋巴结多沿血管径路分布。位于动物体某一部位的一个或一群淋巴结，汇集几乎相同区域的淋巴，称该区域的淋巴中心，机体每个大器官或局部均有一个主要淋巴中心。

1. 头部淋巴中心的观察

（1）头部有 3 个淋巴中心，在下颌间隙腹侧皮下，咬肌与颌下腺之间，可观察到**下颌淋巴结**（Mandibular lymph node，图 11-3），常见 2～3 个，主要收集头部下半部分的肌肉和皮肤、口腔、鼻腔下半部分和唾液腺的淋巴，输出淋巴管汇入咽后外侧淋巴结。

（2）在颞下颌关节后方，腮腺与咬肌之间可观察到**腮腺淋巴结**（Parotid lymph node），主要收集头部上半部分肌肉、鼻腔后部、唇、颊、外耳和眼的淋巴。

（3）在咽后背外侧至寰椎翼腹侧以及腮腺和颌下腺的深层，可观察到**咽后内侧淋巴结和咽后外侧淋巴结**，主要收集口腔、咽、喉、唾液腺、鼻、外耳等处的淋巴，其输出淋巴管形成左、右气管淋巴干。

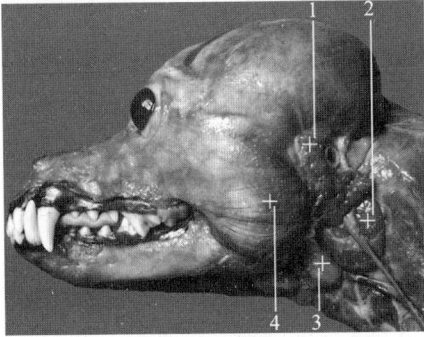

图 11-3　犬下颌淋巴结

1. 腮腺　2. 颌下腺　3. 下颌淋巴结　4. 咬肌

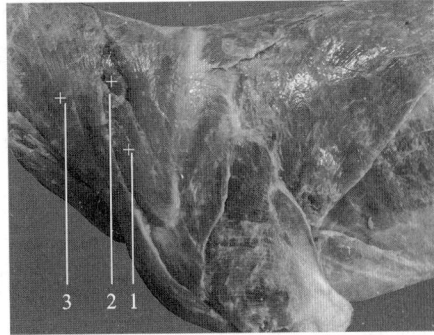

图 11-4　犬颈浅淋巴结

1. 肩胛横突肌　2. 颈浅淋巴结　3. 臂头肌

2. 颈部淋巴中心的观察

（1）在肩关节前方可于体表触及一群淋巴结，将该区域的皮肤切开，在臂头肌和肩胛横突肌的深面可观察到该群淋巴结，此为**颈浅淋巴结**（Superficial cervical lymph node），又称肩前淋巴结，左、右侧各有 1～3 个（图 11-4），其主要收集颈部、胸壁和前肢的淋巴。

（2）清理气管周围的肌肉和结缔组织，完全暴露气管，在气管前、中和后段的两侧可分别观察到**颈深前淋巴结**（Cranial deep cervical lymph node）、**颈深中淋巴结**（Middle deep cervical lymph node）和**颈深后淋巴结**（Caudal deep cervical lymph node），收集颈部肌肉、甲状腺、气管、食管和肩臂部的淋巴。颈浅淋巴结和颈深淋巴结的输出淋巴管均汇入右淋巴导管或胸导管。

3. 前肢淋巴中心的观察

前肢仅有一个腋淋巴中心，犬的腋淋巴中心包括**腋淋巴结和腋副淋巴结**，主要收集前肢、胸下壁和腹底壁前部皮肤的淋巴，输出淋巴管汇入颈深后淋巴结、气管淋巴干、颈静脉或胸导管。

4. 胸腔淋巴中心的观察

胸腔内有 4 个淋巴中心，分别为胸背侧淋巴中心（包括胸主动脉淋巴结和肋间淋巴结）、胸腹侧淋巴中心（包括胸骨前淋巴结和胸骨后淋巴结）、纵隔淋巴中心（包括纵隔前淋巴结、纵隔中淋巴结和纵隔后淋巴结）以及支气管淋巴中心（包括气管支气管左淋巴结、气管支气管中淋巴结和气管支气管右淋巴结）。

5. 腹腔内脏淋巴中心的观察

腹腔内有 3 个淋巴中心，分别为**腹腔淋巴中心**（包括腹腔淋巴结、胃淋巴结、胰十二指肠淋巴结、肝淋巴结和脾淋巴结）、**肠系膜前淋巴中心**（包括肠系膜前淋巴结、空肠淋巴结、盲肠淋巴结和结肠淋巴结）以及**肠系膜后淋巴中心**（肠系膜后淋巴结）。其中，在肠管沿途的肠系膜内可观察到一群淋巴结，分别为**空肠淋巴结**（Jejunal lymph node，图 11-5）、**盲肠淋巴结**（Caecal lymph node）和**结肠淋巴结**（Colic lymph node），这些淋巴结引流相应肠段的淋巴，输出淋巴管汇入肠系膜前淋巴结，后者的输出淋巴管形成肠淋巴干并与腹腔淋巴干汇成内脏淋巴干，注入乳糜池。

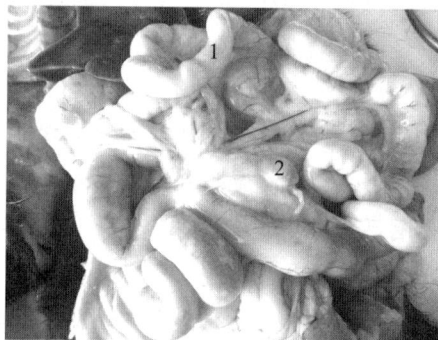

图 11-5　犬空肠淋巴结
1.空肠　2.空肠淋巴结

6. 腹壁和骨盆壁淋巴中心的观察

腹壁和骨盆壁有 4 个淋巴中心，分别为**腰淋巴中心**（包括腰主动脉淋巴结和肾淋巴结）、**荐髂淋巴中心**（包括髂外侧淋巴结、髂内侧淋巴结和肛门直肠淋巴结）、**腹股沟股淋巴中心**和**坐骨淋巴中心**（包括坐骨淋巴结、臀淋巴结和坐骨结节淋巴结）。其中，腹股沟股淋巴中心的腹股沟浅淋巴结和髂下淋巴结常被用于临床诊断。

（1）在腹股沟管皮下环附近可体表触及**腹股沟浅淋巴结**（Superficial inguinal lymph node）。切开公犬阴茎背外侧的皮肤可观察到该淋巴结，也称**阴囊淋巴结**（Scrotal lymph node）；切开母犬耻骨前缘最后一对乳头背侧的皮肤可观察到该淋巴结，也称为**乳房淋巴结**（Mammary lymph node），主要收集阴囊、乳房和外生殖器等处的淋巴。

（2）在膝关节上方可体表触及的淋巴结为**髂下淋巴结**（Subiliac lymph node），又称股前淋巴结。在膝关节上方切开皮肤，在阔筋膜张肌前缘可观察到髂下淋巴结，主要收集腹壁和后肢等处的淋巴，输出淋巴管汇入髂内侧淋巴结。

7. 后肢淋巴中心的观察

后肢有 2 个淋巴中心，分别为**腘淋巴中心**（腘深淋巴结）和**髂股淋巴中心**（髂股淋巴结）。在膝关节后方可体表触及一群淋巴结，切开此处的皮肤，在腓肠肌外侧头周围的脂肪内可观察到的淋巴结，即为**腘深淋巴结**（Deep popliteal lymph node，图 11-6），主要收集小腿部以下的淋巴，输出淋巴管汇入髂内侧淋巴结或坐骨淋巴结。

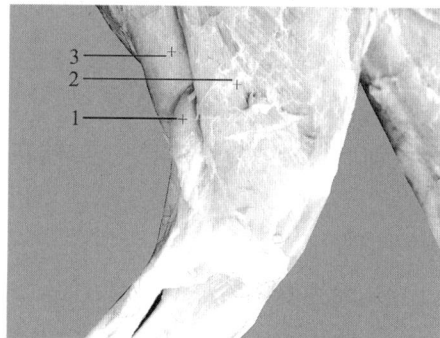

图 11-6　犬腘深淋巴结
1.腘深淋巴结　2.股二头肌　3.半腱肌

(六)其他家畜动物与犬淋巴系统的比较

不同家畜动物的淋巴系统的组成差别不大,形态略有差异,但是禽类淋巴系统的组成与家畜动物差别较大,如表 11-1 所示。

表 11-1　不同动物之间的淋巴器官差异的比较

	猪	牛	羊	禽(鸡)
胸腺	分颈、胸两部,颈部发达,位于气管两侧,胸部位于心前纵隔内,性成熟后逐渐退化	同猪	同猪	椭圆形,片状,位于颈部皮下,左、右各 7 叶,性成熟时最大,以后逐渐退化
脾	狭长,长 24～45cm,宽 3.5～12.5cm,暗红色,位于胃大弯左侧,上端位于后 3 枚肋骨椎骨端下方,下端靠近腹底	长扁的椭圆形,长 50cm,宽 1.5cm,斜位于瘤胃背囊左前方,上端与最后肋椎骨端相对,下端与第 8～9 肋的下 1/3 相对	扁平钝三角形,紫红色,位于瘤胃左侧	钝三角形,位于腺胃和肌胃交接处
腔上囊	无	无	无	圆形,位于泄殖腔背侧,开口于肛道,性成熟时最大,以后逐渐退化

三、生活中的解剖学

(一)为什么尸体会发生爆炸?

2013 年 11 月,一只抹香鲸死亡后搁浅地中海沿岸的海滩,当科研人员试图对其进行解剖时发生了爆炸。尸体发生爆炸是由于活着的动物体内具有一套完善的淋巴系统以维持体内菌群的动态平衡。淋巴系统在动物死亡后随即停止工作,动物体内的菌群平衡被打破,这直接导致细菌大量繁殖并产生大量气体,故发生尸体爆炸。

(二)什么是淋巴管造影?

淋巴管造影是一种检查淋巴结病变的诊断方法。淋巴管造影能观察淋巴结内部结构,可以发现未肿大淋巴结内的潜在病灶,有可能鉴别良性反应性淋巴结肿大和恶性淋巴结肿瘤。常用的淋巴管造影方法为皮内注射淋巴染色剂,切开皮肤,暴露出显色的淋巴管,向较粗大的淋巴管内注入有机碘造影剂,于注射造影剂后 12～24h 摄片。主要手术部位有:①对腋窝、锁骨下及上肢淋巴管造影,常在手指间淋巴管注射造影剂;②对腹部、胸部及下肢淋巴管造影,常在足趾间淋巴管注射造影剂。

(三)什么是脾种植?

脾种植又称脾组织植入,当发生损伤性脾破裂时自行散落的脾组织细胞团在一个或几个脏器表面重新建立血液循环,生长为具有包膜的大小不等的结节。脾组织植入的主要部位是小肠浆膜面、大网膜、腹膜壁层、肠系膜、膈肌等。脾组织植入通常无明显临床症状。

(四)"游走"的脾

生理状态下脾借脾周韧带固定于腹腔内。"游走脾"是指脾脱离正常解剖位置游移活动于腹腔其他部位。这种症状的出现多因先天性脾周韧带过长或脾周韧带缺如,或肿大的脾牵拉而导致韧带松弛或腹肌薄弱等。主要临床表现为腹部肿块,常常引起相邻脏器的压迫症状。

四、填图练习

请在下图中写出数字所指示淋巴结的名称。

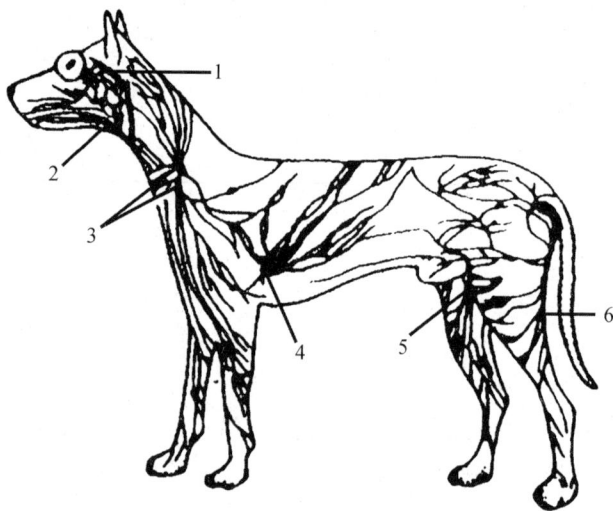

实验十二　神经系统

一、实验目的

(1)掌握犬四肢、胸部和腹部神经的分布规律。

(2)掌握犬脑的形态、位置和结构特点。

(3)掌握四个脑室之间的位置与功能关系。

(4)掌握犬脊髓的形态、位置和结构特点。

(5)了解犬与其他主要家畜动物神经系统的差异。

二、实验内容和实验方法

(一)犬前肢神经的观察

(1)切断胸肌,将前肢向背侧掀起,可观察到**臂神经丛**(Brachial plexus)。臂神经丛由第 6、7、8 颈神经和第 1、2 胸神经的腹侧支组成,经斜角肌穿出,位于肩关节内侧面。

(2)将前肢卸下并平放于解剖台上,使前肢内侧面朝上,沿内侧正中线切开皮肤,清理浅层肌肉与结缔组织,用止血钳夹着臂神经丛的断端,用镊子追踪神经的走向。

(3)臂神经丛发出的神经包括肩胛上神经、肩胛下神经、腋神经、胸肌神经、肌皮神经、桡神经、尺神经、正中神经和胸肌神经,其中正中神经、桡神经和尺神经分布最远,可达指部。

(4)在肩胛骨前缘,于肩胛下肌和冈上肌之间可观察到**肩胛上神经**(Suprascapular nerve)。肩胛上神经自臂神经丛前部发出,其纤维来自第 6～8 颈神经的腹侧支,主要支配冈上肌、冈下肌和肩胛骨。

(5)在肩胛上神经的后方可观察到有 2～4 支神经从臂神经丛发出,即为**肩胛下神经**(Subscapular nerve)。肩胛下神经的纤维来自第 6～8 颈神经的腹侧支,主要支配肩胛下肌和肩关节。

(6)在肩关节后缘,肩胛下肌与大圆肌之间的缝隙可观察到**腋神经**(Axillary nerve)。腋神经的纤维来自第 6～8 颈神经的腹侧支,主要支配肩胛下肌、大圆肌、三角肌、小圆肌和臂肌等。腋神经还在三角肌深面发出前臂前皮神经,支配前臂背外侧皮肤。

(7)在臂三头肌的长头和内侧头之间可观察到**桡神经**(Radial nerve),其为臂神经丛的最大分支。向下追踪桡神经可观察到其沿臂肌后缘向下延伸,桡神经分支分布于除肩关节外的所有伸肌以及从前臂到指端外侧面的所有皮肤。桡神经易发生麻痹,造成外侧伸肌的无知觉。

(8)在腕关节之上将腕桡侧屈肌的肌腹与肌腱相连处切断,并掀起该肌,在前臂正中沟内可观察到**正中神经**(Median nerve)。正中神经起于臂神经丛的后部,其近段在肱骨内侧与尺神经合并下行,至臂中部与尺神经分离后,继续沿臂动脉通过前臂正中沟和腕管向下延伸,同时发出分支分布于第1、2、3指的掌侧。

(9)在靠近肱骨内侧上髁处将腕尺侧屈肌切断并翻转,可观察到**尺神经**(Ulnar nerve)。尺神经在前臂近端发出分支分布于腕尺侧屈肌、指深屈肌和指浅屈肌,此后,尺神经沿腕尺侧屈肌后缘和腕外侧屈肌之间的浅沟(尺神经沟)向下延伸并发出分支分布于第4、5指的掌侧。

(二)犬后肢神经的观察

(1)自腰部前端沿脊背正中至尾根切开皮肤,绕尾根、肛门做环切,并沿后肢外侧正中线向下切开皮肤,清理皮下组织。在腰荐部腹侧可观察到**腰荐神经丛**(Lumbosacral plexus)。腰荐神经丛由第4~6腰神经和第1~2荐神经的腹侧支组成,该神经丛发出股神经、坐骨神经、闭孔神经、臀前神经和臀后神经,主要分布于后肢。

(2)在股直肌和股内侧肌之间可观察到**股神经**(Femoral nerve)分出数支分布于股四头肌。

(3)在缝匠肌深面,可观察到股神经发出**隐神经**(Saphenous nerve),分布于缝匠肌、耻骨肌和股薄肌等股内侧肌群。之后,隐神经与同名动脉和静脉伴行继续向下延伸,分布于膝关节和小腿内侧皮肤。

(4)在股二头肌、半腱肌和半膜肌之间可观察到粗大的**坐骨神经**(Sciatic nerve),其为全身最粗的神经。坐骨神经自坐骨大孔发出后沿荐结节阔韧带外侧向下延伸,在大转子与坐骨结节之间绕过髋关节,下行于股二头肌、半腱肌和半膜肌之间(图12-1),继而发出分支分布于髋关节囊、股二头肌、半腱肌和半膜肌等。

(5)在股骨中部可观察到坐骨神经发出**胫神经**(Tibial nerve)和**腓总神经**(Common fibular nerve)。其中,胫神经在发出小腿后皮神经后主要分布于跗关节的伸肌和趾关节屈肌;腓总神经在发出小腿外侧皮神经后主要分布于跗关节屈肌和趾关节伸肌。

(6)在髂骨内侧面的闭孔附近可观察到**闭孔神经**(Obturator nerve)。闭孔神经的分支主要分布于闭孔外肌、耻骨肌、内收

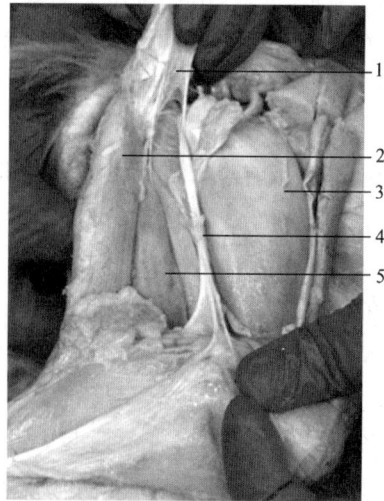

图 12-1　犬坐骨神经

1.股二头肌断端　2.半腱肌　3.股四头肌外侧头
4.坐骨神经　5.半膜肌

肌和股薄肌等。因该神经与骨比较贴近,故易在骨盆骨折和生产中受到损伤。

(三)犬颈部神经的观察

(1)沿颈部腹侧正中线切开颈部皮肤并向背侧掀起,同时保留左、右侧胸壁的第 2 和第 7 肋,剪除其他肋骨,暴露左、右侧胸腔,保持器官原位,观察颈部的脊神经。

(2)在颈部的肌肉内可观察到从颈椎的椎间孔发出 8 对**颈神经**(Cervical nerve)。前 4 或 5 对颈神经较细,后 3 对颈神经的腹侧支较粗大,参与构成**臂神经丛**和**膈神经**(Phrenic nerve)。

(3)在胸腔内纵隔两侧以及心包表面可观察到膈神经分布到膈。膈神经是膈的运动神经,其发自第 5～7 颈神经腹侧支,沿斜角肌的腹侧缘经胸前口入胸腔,并最终分布于膈。

(四)犬胸部神经的观察

(1)沿胸部腹侧正中线做纵向切口,向背侧掀起胸部皮肤,观察胸部的脊神经和植物性神经。

(2)在肋间隙可观察到粗大的**肋间神经**(Intercostal nerve),其为**胸神经**(Thoracic nerve)的腹侧支,胸神经的数目与相应椎骨数目一致。肋间神经行走于肋间隙,分布于肋间肌,其中,前两对肋间神经参与形成臂神经丛,最后一对肋间神经又称**肋腹神经**(Costoabdominal nerve),分布于腹直肌、腹外斜肌和腹壁皮肤。

(3)在每一胸椎椎体的腹外侧可观察到一对胸神经节,节间纤维前后贯穿形成**胸部交感神经干**(Sympathetic trunk)。

(4)在胸腔前口处,第 1 肋骨椎骨端的内侧可观察到第 1、2 胸神经节参与组成**星状神经节**。

(5)在胸部交感神经干的中后段可观察到**内脏大神经**(Greater splanchnic nerve)从胸部交感神经干发出,穿过膈脚进入腹腔后连于腹腔肠系膜前神经节。

(6)在内脏大神经的后方,可观察到**内脏小神经**(Lesser splanchnic nerve)从胸部交感神经干发出,穿过膈脚进入腹腔后连于腹腔肠系膜前神经节。

(五)犬腹部神经的观察

(1)沿腹白线切开腹壁并掀起,暴露腹腔,保持器官原位,观察腹部脊神经与植物性神经。

(2)清理皮下结缔组织和浅层肌肉,可观察到 7 对**腰神经**(Lumbar nerve)的腹侧支分布于腹壁肌肉和皮肤。

(3)第 1、2 腰神经为**髂腹下神经**(Iliohypogastric nerve),分布于四层腹壁肌。

(4)第 3 腰神经为**髂腹股沟神经**(Ilioinguinal nerve),分布于四层腹壁肌。

(5)第 2～4 腰神经的腹侧支还构成**生殖股神经**(Genitofemoral nerve),第 3～4 腰神经的腹侧支还构成**股外侧皮神经**(Lateral femoral cutaneous nerve),第 4～6 腰神经的腹

侧支参与构成**腰荐神经丛**(Lumbosacral plexus)。

(6)在腰椎椎体腹外侧的腰小肌内侧缘可观察到 2～5 对腰神经节,腰神经节由节间纤维前后贯穿形成**腰部交感神经干**。

(7)在腹腔动脉根部的两侧和肠系膜前动脉的起始部附近可观察到**腹腔肠系膜前神经节**(Coeliac ganglion and cranial mesenteric ganglion),其由两个腹腔神经节和一个肠系膜前神经节构成,由此发出的节后神经纤维形成**腹腔肠系膜前神经丛**,沿动脉分布到肝、胃、脾、胰、小肠、大肠和肾。

(8)在肠系膜后动脉起始部附近可观察到**肠系膜后神经节**(Caudal mesenteric ganglion),其接受由腰部交感神经干发出的腰内脏神经和来自腹腔肠系膜前神经节的节间支,并发出节后纤维沿动脉分布到结肠后段、精索、睾丸、附睾或卵巢、输卵管和子宫角等处。

(9)在肠系膜后神经节还可观察到一对**腹下神经**(Hypogastric nerve)由此发出,向后延伸到骨盆腔参与构成盆神经丛。

(六)犬脑膜的观察

(1)打开颅腔,可观察到脑外包有 3 层膜,从外至内依次为**脑硬膜**(Encephalic dura mater)、**脑蛛网膜**(Encephalic arachnoid)和**脑软膜**(Encephalic pia mater)。

(2)在颅骨内表面可观察到脑硬膜紧贴颅骨,两者之间无腔隙。

(3)在两大脑半球之间可观察到脑硬膜向下凹陷,形成**大脑镰**(Cerebral falx,图 12-2)。

(4)在大脑和小脑之间可观察到脑硬膜下陷形成**小脑幕**(Tentorium of cerebellum,图 12-2)。

(5)在脑硬膜与脑蛛网膜之间可观察到的腔隙为**硬膜下腔**(Subdural cavity),内含淋巴。

(6)在脑蛛网膜与脑软膜之间可观察到的腔隙为**蛛网膜下腔**(Subarachnoid cavity),内含脑脊髓液。

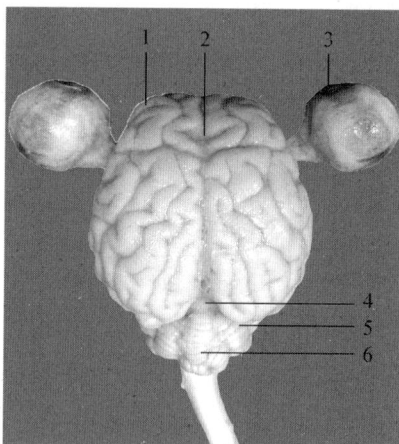

图 12-2　犬脑背侧观

1.大脑半球　2.大脑镰　3.眼球
4.小脑幕　5.小脑半球　6.蚓部

(七)犬大脑的观察

(1)在大脑的背侧可观察到大脑纵裂将大脑分为左、右**大脑半球**(Cerebral hemisphere),纵裂的底部是连接左、右大脑半球的**胼胝体**(Corpus callosum,图 12-3)。

(2)在大脑半球的背外侧面和内侧面可观察到脑沟和脑回,其表层为**大脑皮质**(Cerebral cortex)。

(3)在大脑半球的腹侧面前方可观察到**嗅球**(Olfactory bulb,图 12-4),嗅球接受由鼻黏膜嗅细胞发出的嗅神经(嗅神经自鼻黏膜发出后穿过筛骨与嗅球连接),嗅球向后延伸为内、外侧嗅束,在内、外侧嗅束之间可观察到的三角形区域称**嗅三角**(Olfactory trigone)。

（4）在大脑半球的后部可观察到**梨状叶**（Piriform lobe，图 12-4），其内侧缘向背侧折转至侧脑室形成**海马**（Hippocampus）。

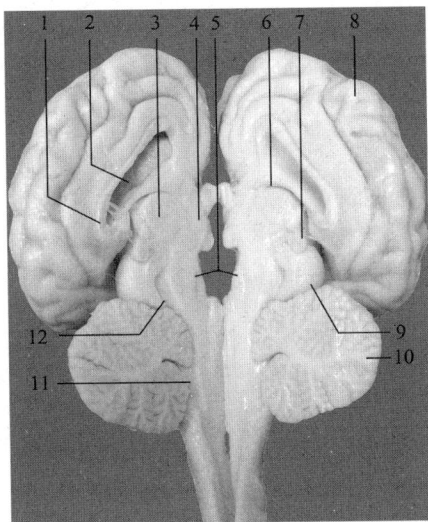

图 12-3　犬脑剖面图

1.胼胝体　2.侧脑室　3.丘脑　4.下丘脑
5.大脑脚　6.第 3 脑室　7.松果体
8.大脑半球　9.四叠体　10.髓树
11.第 4 脑室　12.中脑导水管

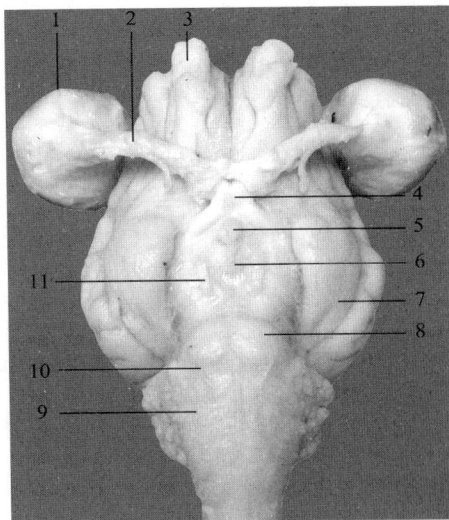

图 12-4　犬脑腹侧观

1.眼球　2.视神经　3.嗅球　4.视交叉
5.垂体　6.乳头体　7.梨状叶　8.脑桥
9.延髓　10.外展神经　11.动眼神经

（八）犬小脑的观察

（1）在大脑后方可观察到小脑，小脑表面可观察到两条近平行的纵沟将小脑分为两侧的**小脑半球**（Cerebellar hemisphere，图 12-2）和中央的**蚓部**（Vermis，图 12-2）。

（2）沿正中矢状面将小脑做一纵切，在小脑纵切面上可观察到外周的**小脑皮质**和中央的**小脑髓质**，其中小脑髓质呈树枝状分布，称髓树（Medullary arbor，图 12-3）。

（3）在小脑与脑干之间可观察到 3 对小脑脚——小脑后脚、小脑中脚及小脑前脚分别将小脑与延髓、脑桥和中脑相连。

（九）犬脑干的观察

（1）脑干由前向后依次分为**间脑**（Diencephalon）、**中脑**（Mesencephalon）、**脑桥**（Pons）和**延髓**（Medulla oblongata）。

（2）脑干的最前端为**间脑**，其前外侧被大脑半球所遮盖，间脑主要分为丘脑和下丘脑。左、右两**丘脑**（Thalamus）的内侧部通过丘脑间黏合相连。**下丘脑**（Hypothalamus）位于间脑的下部（图 12-3），从脑底面看，自前向后可将下丘脑分为视前部、视上部、灰结节部和乳头体部。在间脑的外侧膝状体可观察到第 Ⅱ 对脑神经（视神经）从此发出。

（3）间脑之后的脑干为中脑，在中脑背侧可观察到的四个小丘状结构为**四叠体**（Quadrigeminal body），在中脑腹侧可观察到**大脑脚**（Cerebral peduncle，图 12-3），在中脑中部可观察到一中空管状结构为中脑导水管，中脑和小脑之间相连的结构为**小脑前脚**

（Rostral cerebellar peduncle）。在中脑腹侧可观察到第Ⅲ和Ⅳ对脑神经（动眼神经、滑车神经）从此发出。

（4）在中脑后方以及小脑腹侧的脑干为**脑桥**，在脑桥两侧可观察到与小脑相连的横行隆起称**小脑中脚**（Middle cerebellar peduncle）。在脑桥腹侧可观察到第Ⅴ对脑神经（三叉神经）从此发出。

（5）脑干的末段是**延髓**，其后端接脊髓（枕骨大孔为两者的分界标志），前端连脑桥。在延髓腹侧正中可观察到**腹正中裂**，在腹正中裂两侧可观察到的纵行隆起为**延髓锥体**（Pyramid of medulla oblongata），延髓锥体在枕骨大孔附近形成锥体交叉。在延髓锥体两侧可观察到的横行隆凸为**斜方体**（Trapezoid body）。延髓背侧后部为闭合部，形态与脊髓相似。延髓背侧前部为开放部，开放部的两侧壁与小脑相连，称**小脑后脚**（Caudal cerebellar peduncle）。在延髓腹侧可观察到第Ⅵ～Ⅻ对脑神经（外展神经、面神经、前庭耳蜗神经、舌咽神经、迷走神经、副神经和舌下神经）从此发出。

（十）犬脑室的观察

（1）沿大脑纵裂将左、右大脑分开，在每侧大脑半球内侧可观察到的中空腔体为左、右**侧脑室**（Lateral ventricle）。

（2）在丘脑间黏合周围可观察到的环状裂隙为**第 3 脑室**（Third ventricle，图 12-3），左、右侧脑室分别经室间孔与第 3 脑室相连。

（3）将中脑沿背侧正中线做一纵切，在中脑内部可观察到一中空管状结构，即为**中脑导水管**（Mesencephalic aqueduct），其连通第 3 脑室与第 4 脑室（图 12-3），并且将中脑分为背侧的四叠体和腹侧的大脑脚。

（4）切断三对小脑脚，掀起小脑，在小脑与延髓、脑干之间可观察到的空腔为**第 4 脑室**（Fourth ventricle），其前接中脑导水管，后接脊髓中央管。第 4 脑室的顶壁从前往后依次为前髓帆、小脑、后髓帆和第 4 脑室脉络丛；底壁前部为脑桥，底壁后部为延髓开放部。

（十一）犬脊髓的观察

（1）沿脊柱纵轴用骨凿敲开各段椎骨的椎弓，暴露椎管，可观察到脊髓外包有 3 层膜，由外向内依次为**脊硬膜**（Spinal dura mater）、**脊蛛网膜**（Spinal arachnoid）和**脊软膜**（Spinal pia mater）。

（2）在椎管与脊硬膜之间可观察到的腔隙为**硬膜外腔**（Epidural cavity）。因大量脊神经行走于其中，所以在临床上常用硬膜外腔进行硬膜外麻醉。

（3）在脊硬膜与脊蛛网膜之间可观察到**硬膜下腔**（Subdural cavity），其向前与脑硬膜下腔相通。

（4）在脊蛛网膜和脊软膜之间可观察到**蛛网膜下腔**（Subarachnoid cavity），其向前与脑蛛网膜相通。

（5）从椎管内分离出脊髓，在脊髓的颈胸段和腰荐段可分别观察到一膨大结构，分别称为**颈膨大**和**腰膨大**。在脊髓的末端可观察到一根来自软膜的**终丝**将脊髓固定于椎管内。

（6）在脊髓的腰段后部与荐部可观察到一形似马尾的结构，称**马尾**。由于在动物发育过程中椎管的生长速度快于脊髓，所以脊髓后段的脊神经根需要在椎管内向后延伸一段距离才从相应椎间孔发出，在脊髓圆锥和终丝的周围可观察到"马尾"状结构。

（7）在脊髓的背侧正中可观察到的纵行浅沟为**背正中沟**，在背正中沟的两侧可分别观察到一条**背外侧沟**，脊神经背侧根经此沟进入脊髓。在脊髓腹侧正中可观察到的纵行深裂为**腹正中裂**，在腹正中裂的两侧可分别观察到一**腹外侧沟**，脊神经腹侧根由此发出。

（8）将脊髓做一横切，在脊髓横断面的中央可观察到的中空管道为中央管。中央管前连第 4 脑室，内含脑脊髓液。在脊髓横断面中央可观察到"蝴蝶"状的灰质，灰质外周即为白质。

💻 **在线学习——脑神经(视频)**

学习心得：＿＿＿＿＿＿＿＿＿＿＿＿＿＿＿＿＿＿＿＿＿＿＿＿＿

＿＿＿＿＿＿＿＿＿＿＿＿＿＿＿＿＿＿＿＿＿＿＿

二维码 4
脑神经
（视频）

＿＿＿＿＿＿＿＿＿＿＿＿＿＿＿＿＿＿＿＿＿＿＿＿＿＿＿

＿＿＿＿＿＿＿＿＿＿＿＿＿＿＿＿＿＿＿＿＿＿＿＿＿＿＿

三、生活中的解剖学

(一)什么是面瘫?

面神经麻痹俗称面瘫、歪嘴巴和吊线风，是以面部表情肌群运动功能障碍为主要特征的一种常见病。一般症状是口眼歪斜、眼裂扩大、鼻唇沟平坦以及口角下垂。目前普遍认为有三种诱发因素，分别是缺血、疲劳和病毒感染。由于眼睑闭合不全或不能闭合，角膜长期外露，易损害角膜，因此眼睛是面瘫发生时的重要保护对象。

(二)什么是坐骨神经痛?

坐骨神经痛是以坐骨神经分布区域(大腿后部、小腿后外侧和足部)疼痛为主的综合征。根据病因可将坐骨神经痛分为原发性和继发性两类。原发性坐骨神经痛即由坐骨神经炎引起的疼痛(因坐骨神经较为浅表，受潮、受寒时易发生坐骨神经炎)；继发性坐骨神经痛是由于坐骨神经局部及周围结构的病变(如腰椎间盘突出、腰椎骨性关节病、腰荐椎先天畸形、荐髂关节炎等)对坐骨神经的刺激、压迫与损害。

(三)什么是癫痫?

在正常情况下中枢神经系统的兴奋性与抑制性神经递质保持平衡状态，这种平衡被打破后将导致大脑神经元突发性异常放电，引发暂时性脑功能障碍，称为癫痫，临床上以反复发生短时意识丧失、强直性与阵发性肌肉痉挛为主要特征。

引起癫痫的病因复杂多样,可分为原发性癫痫和继发性癫痫。原发性癫痫是由于大脑组织代谢异常,皮层或皮下中枢受到刺激,导致兴奋与抑制失调而引起,此类癫痫多数不能治愈;继发性癫痫常继发于脑器质性病变、传染病和寄生虫病、代谢失调以及中毒等,此类癫痫根据原发病的治愈情况而存在治愈可能。癫痫患者发病时,可顺势使其躺倒并迅速移开周围硬物,防止摔伤;迅速松开患者衣领,使其头转向一侧,以利分泌物及呕吐物从口腔排出。不要在患者抽搐期间强制性按压患者四肢,过分用力可造成骨折和肌肉拉伤。癫痫发作一般在5min之内都可以自行缓解。

(四)什么是脑卒中?

脑卒中又称中风。该病是一组以脑部缺血(脑梗死、脑血栓)及出血性损伤(脑出血或蛛网膜下腔出血)导致以局部神经功能缺失为特征的疾病,以突然昏厥、偏瘫、肢体麻木、说话不清、吐字困难、喝水或吞咽时呛咳、口角流涎以及口舌歪斜等为主要临床症状。造成中风的主要原因有高血压病、糖尿病、高脂血症、动脉粥样硬化、心脏病以及颅内血管发育异常等。目前对该病尚缺有效的治疗措施,以预防为主。

(五)何为"植物人"?

植物人是指与植物生存状态相似的特殊人体状态,又称植质状态或不可逆昏迷。这类患者除保留一些本能性的神经反射和进行物质及能量代谢能力外,认知能力(包括对自己存在的认知力)已完全丧失,无任何主动活动。植物人的脑干仍具有功能,其胃肠道还能对营养物质进行消化与吸收,并可利用这些能量维持身体的代谢。对外界刺激也能产生一些本能的反射,如咳嗽、喷嚏、打哈欠等。但机体已没有意识、知觉、思维等人类特有的高级神经活动。脑电图呈杂散的波形。植物状态与脑死亡不同,脑死亡指包括脑干在内的全脑死亡。脑死亡者,无自主呼吸,脑电图呈一条直线。

四、填图练习

请在下图中写出数字所指示结构的名称。

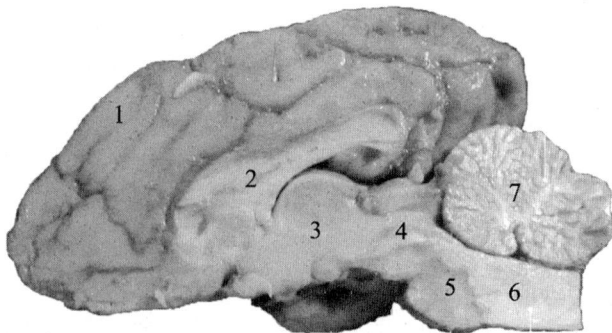

实验十三　内分泌系统

一、实验目的

（1）了解内分泌系统的存在形式。

（2）掌握犬垂体、松果体、甲状腺、甲状旁腺以及肾上腺等内分泌器官的位置与形态。

（3）了解内分泌器官的主要功能。

（4）了解犬与其他主要家畜动物内分泌系统的差异。

二、实验内容和实验方法

内分泌系统是机体的一个重要调节系统，其通过体液调节的方式对机体新陈代谢、生长发育和繁殖等活动发挥重要调节作用。内分泌系统与神经系统和免疫系统共同组成神经-内分泌-免疫网络，对机体健康发挥重要调节作用。内分泌系统由内分泌器官、内分泌组织和内分泌细胞组成。内分泌腺是内分泌器官的主要组成部分，其与外分泌腺的区别是无输出导管，腺细胞的分泌物直接进入血液或淋巴。内分泌腺分泌的物质称为激素。内分泌器官主要包括**垂体**（Hypophysis）、**松果体**（Pineal gland）、**甲状腺**（Thyroid gland）、**甲状旁腺**（Parathyroid gland）、**肾上腺**（Adrenal gland）以及内分泌组织和细胞。

（一）犬垂体的观察

（1）在颞下颌关节处将下颌骨与颞骨分离，用骨凿沿正中矢状面敲开颅骨，小心将脑从颅腔内分离，可在下丘脑的腹侧，蝶骨体上方的垂体窝内观察到一卵圆形结构，即为**垂体**（图 12-4）。在分离脑时易将垂体留在垂体窝内。垂体借漏斗连于下丘脑，垂体外包坚硬的脑硬膜。垂体是体内最复杂的内分泌腺，其产生的激素可影响骨骼和软组织生长，还可影响其他内分泌腺的活动。

（2）在垂体腹侧可观察到一裂隙，称为**垂体裂**，一般将垂体裂前方的垂体称为垂体前叶，垂体裂后方的垂体称为垂体后叶。**垂体前叶**包括远侧部（位于垂体前腹侧）和结节部（位于垂体柄周围）；**垂体后叶**包括中间部（位于远侧部之后）和神经部（位于中间部之后）。

（3）根据发生和结构特点，垂体又分为腺垂体和神经垂体。**腺垂体**（Adenohypophysis）包括远侧部、结节部和中间部，可分泌催乳素、生长激素、促甲状腺激素、促性腺激素和促肾上腺皮质激素等多种激素；**神经垂体**（Neurohypophysis）包括神经部和漏斗部，不具分泌功能，但可储存由下丘脑分泌的抗利尿激素和催产素。

(二)犬松果体的观察

(1)用骨凿敲开颅骨,小心将脑完整取出,小心分开左、右大脑半球,暴露出中脑。

(2)在中脑四叠体正中沟的前端与第3脑室顶部的后端之间,可观察到一卵圆形腺体,即为**松果体**(图12-3),其借一细柄与第3脑室顶相连。松果体表面被覆由软脑膜延续而来的结缔组织被膜,被膜随血管深入实质内,将实质分为许多小叶。松果体内含有丰富的5-羟色胺,5-羟色胺在特殊酶的作用下可转变为**褪黑素**(Melatonin)。褪黑素参与机体昼夜节律的调节,其合成与分泌受光照影响很大(光照抑制合成,黑暗促进合成),故松果体又被认为是机体的生物钟。

(三)犬甲状腺的观察

(1)在喉的后方,第6~7气管环的两侧和腹侧,可观察到一形似"U"的红棕色腺体,即为**甲状腺**(图13-1)。在观察时应注意区分其与周围肌肉的形态差异。

(2)甲状腺在形态上由左、右侧叶和中间的腺峡组成,其表面覆有纤维囊,后者深入腺组织将腺体分为许多小叶,在甲状腺侧叶和环状软骨之间常有结缔组织相连,故甲状腺可随吞咽而前后移动。甲状腺由许多滤泡构成,主要分泌甲状腺素,促进骨骼、脑和生殖器官的生长发育,故先天性或幼龄时甲状腺素分泌不足将导致呆小症。甲状腺的分泌功能受下丘脑-垂体的调节,构成下丘脑-垂体-甲状腺轴。

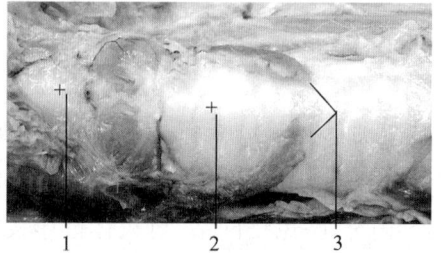

图 13-1 犬甲状腺
1.喉 2.气管 3.甲状腺

(四)犬甲状旁腺的观察

(1)在甲状腺前端或在甲状腺内可观察到两对粟粒状的小腺体,即为**甲状旁腺**,因甲状旁腺较小或部分位于甲状腺内,故较难观察到。

(2)借助组织切片及染色,可观察到甲状旁腺表面覆有一层结缔组织被膜,被膜的结缔组织携带血管、淋巴管和神经伸入腺体内,将腺体分为不完全的小叶。腺细胞主要分泌甲状旁腺素,其主要功能是影响体内钙和磷的代谢。若甲状旁腺分泌功能低下,则易因血钙浓度降低而引起肌肉抽搐;若甲状旁腺分泌功能亢进,则易因骨质过度被吸收而易发生骨折。

(五)犬肾上腺的观察

(1)在腰椎椎体腹侧,肾的前方内侧可观察到**肾上腺**。

(2)左、右肾上腺的形态位置有所不同。右肾上腺位于右肾内侧缘前部与后腔静脉之间,呈菱形;左肾上腺位于左肾内侧缘前部与腹主动脉之间,呈不正的梯形。

(3)将肾上腺做一纵切,可观察到肾上腺的实质可明显分为周围的皮质(占肾上腺的大部分)和中央的髓质。肾上腺皮质主要分泌盐皮质激素(调节电解质和水盐代谢)和糖皮质激素(调节糖、脂肪与蛋白质代谢);肾上腺髓质主要分泌肾上腺素和去甲肾上腺素(可使小动脉收缩、心跳加快、血压升高)。

(六)犬内分泌组织和内分泌细胞

内分泌组织包括:

(1)胰岛,位于胰腺内,由不规则细胞团组成,仅通过肉眼较难观察到。借助组织学手段可观察到胰岛分布于胰腺的腺泡之间,其主要分泌胰高血糖素、胰岛素、生长抑素和胰多肽等激素,参与机体的糖代谢。

(2)睾丸内的间质细胞(分泌雄激素)和支持细胞(分泌少量雌激素),通过肉眼较难观察到。

(3)卵巢内的门细胞(分泌少量雄激素)、卵泡膜(分泌雌激素)和黄体(分泌孕酮和雌激素)。

内分泌细胞包括:

(1)心房壁内的内分泌细胞,仅通过肉眼无法观察到,其主要分泌心房肽,具有利尿排钠、扩张血管和降压的效应。

(2)胃、肠上皮与腺体中的内分泌细胞,仅通过肉眼无法观察到,其主要分泌胃肠激素,可协调胃肠道自身的运动和分泌功能。

(3)摄取胺前体脱羧(Amine precursor uptake and decarboxylation,APUD)细胞系统和弥散神经内分泌系统,仅通过肉眼无法观察到。

(七)其他家畜动物与犬内分泌系统的比较

1. 甲状腺

甲状腺一般位于喉后方,第3~5气管环的两侧,由左、右侧叶和中间的腺峡组成,形似"H"形。不同动物的甲状腺的形态与位置略有差异。

(1)牛:侧叶呈扁三角形,腺峡发达。

(2)绵羊:两侧叶呈长椭圆形,腺峡较细。

(3)山羊:两侧叶不对称,腺峡较细。

(4)猪:位于胸前口气管的腹侧,腺峡和两侧叶连成一体。

(5)犬:位于第6、7气管环两侧,两侧叶呈卵圆形,腺峡较细。

(6)禽类:成对,无腺峡,位于胸前口气管的两侧。

2. 甲状旁腺

不同动物的甲状旁腺的构成和位置略有差异。

(1)牛:甲状旁腺包括内、外两对,内甲状旁腺位于甲状腺背内侧,外甲状旁腺位于甲状腺前方。

(2)猪:甲状旁腺只有一对,位于甲状腺前方。

(3)马:甲状旁腺有前、后两对,前一对位于甲状腺前部内侧,后一对位于颈后部气管的腹侧。

（4）犬、猫和兔：甲状旁腺有两对小腺体，位于甲状腺前方或甲状腺内。

3. 肾上腺

不同动物肾上腺的位置和形态略有差异。

（1）牛：右肾上腺呈心形，左肾上腺呈肾形，分别位于左、右肾的前方内侧。

（2）猪：左、右肾上腺长而窄，分别位于左、右肾前方内侧。

（3）羊：左、右肾上腺均为扁椭圆形，分别位于左、右肾前方内侧。

（4）禽类：左、右肾上腺在形态上呈卵圆形或三角锥形，黄色或橘黄色，分别位于左、右肾前方内侧。

三、生活中的解剖学

（一）小夜灯的"功与过"

床头长明的小夜灯在方便人们夜间活动的同时，也对人们的健康产生了不可小觑的危害。位于间脑和中脑上部的松果体合成褪黑素并释放到血浆参与机体生理节律与免疫功能的调节。血浆中褪黑素浓度表现出"夜高昼低"的特点是由于松果体分泌褪黑素的能力受光照影响很大（光照抑制，黑暗促进）。因此，长期在夜晚使用小夜灯将抑制松果体分泌褪黑素的水平，从而影响睡眠质量和机体免疫功能。

（二）什么是"大脖子"病？

所谓"大脖子"病即甲状腺肿大，其又分为地方性甲状腺肿和散发性甲状腺肿。地方性甲状腺肿是一种碘缺乏症状，早年多见于我国的内陆偏远地区，近年来由于碘盐的使用，地方性甲状腺肿的发生明显减少。散发性甲状腺肿则是由不同个体对碘的利用率差异造成的。由于碘是甲状腺合成甲状腺激素的重要原料之一，碘缺乏将直接导致甲状腺激素的合成不足，从而反馈性引起垂体分泌过量的促甲状腺激素（Thyroid stimulating hormone，TSH），后者作用于甲状腺细胞，从而造成甲状腺的增生与肥大，最终出现"大脖子"症状。

（三）什么是甲亢？

所谓甲亢即甲状腺功能亢进，由于受多种体内外因素影响，甲状腺合成并释放过多的甲状腺激素，造成机体基础代谢亢进和交感神经兴奋，出现进食和排便次数增多、体重减轻、情绪易激动、精神过敏、舌和两手平举时有细震颤、多言多动、失眠紧张、思想不集中、焦虑烦躁以及多疑等。由于部分甲亢患者体内产生了一种甲状腺生长刺激免疫球蛋白，后者可与甲状腺细胞上的促甲状腺激素（TSH）受体结合，刺激甲状腺细胞生长，从而造成甲状腺的增生与肥大，同样也会出现"大脖子"症状。所以仅通过"大脖子"症状并不能准确判断是由碘缺乏还是甲亢引起。

(四)什么是甲减?

所谓甲减即甲状腺功能减退,由于甲状腺激素的合成及分泌减少,导致机体代谢减慢的综合征。临床表现为易疲劳、嗜睡、畏寒、面色苍白、毛发脱落、手脚掌呈萎黄色、体重增加、记忆力减退、智力低下、反应迟钝、心动过缓、心排出量减少、血压低、厌食、腹胀、便秘、肌肉软弱无力、疼痛。幼年时期出现甲减还将导致身材矮小,智力低下,性发育延迟。根据病因可将甲减分为原发性和继发性两种。原发性甲减是因淋巴细胞、浆细胞呈弥散性或结节样浸润甲状腺组织,引起腺泡进行性破坏、受压迫而萎缩或消失,从而造成甲状腺功能减退;继发性甲减可因垂体受压迫而萎缩,或因垂体本身肿瘤造成促甲状腺激素分泌不足,最终引起甲状腺功能减退。

(五)何为糖尿病?

糖尿病是一系列以高血糖为特征的代谢性疾病。糖尿病患者血液中长期存在的高血糖可导致各种组织,特别是眼、肾、心脏、血管、神经的慢性损害与功能障碍。糖尿病患者在临床上以烦渴、多尿、多食、体重减轻以及血糖升高为特征。根据病因可将糖尿病分为1型(原发性,胰岛素依赖型)和2型(继发性,非胰岛素依赖型)糖尿病。1型糖尿病为体内胰岛素合成不足,必须用胰岛素治疗才能使症状得到缓解;2型糖尿病是胰岛素不能有效发挥作用(胰岛素受体对胰岛素敏感性下降)所致。

实验十四　感觉器官

一、实验目的

(1)掌握犬眼球的结构。

(2)了解犬眼的附属器官的结构和功能。

(3)掌握犬耳的结构。

(4)了解犬视觉与听觉的产生过程。

(5)了解犬与其他主要家畜动物感觉器官的差异。

二、实验内容和实验方法

犬的视觉器官——眼,由眼球和附属器官构成。眼能感受光的刺激并产生神经冲动,神经冲动经视神经传到视觉中枢而产生视觉。

(一)犬视觉辅助器官的观察

(1)在眼球前方可观察到的皮肤褶为**眼睑**(Eyelid),有上眼睑和下眼睑。

(2)在两侧眼角处剪开上、下眼睑,在内眼角处可观察到半月状透明软骨,为**第3眼睑**(Third eyelid)或称**瞬膜**(Palpebra tertius)。

(3)在眼球背外侧的额骨眶内可观察到扁平卵圆形腺体,为**泪腺**(Lacrimal gland)。

(4)在内眼角处的泪管、泪囊和鼻泪管依次相接构成**泪道**(Lacrimal passage),是泪液排出的通道。

(5)在额骨、颧骨和颞骨交界处用骨凿敲开眼眶,在眼眶内壁可观察到一层致密坚韧的圆锥状纤维鞘,包围着眼球、眼肌、血管、神经和泪腺,称**眶骨膜**(Orbital periosteum),其中填充有脂肪,共同构成眼的保护器官。

(6)剪开眶骨膜,可观察到眼球巩膜与视神经孔周围的眼眶壁之间有肌肉相连,称为**眼球肌**(Muscle of eyeball),包括眼球退缩肌、眼球直肌、眼球斜肌和上睑提肌。

(二)犬眼球的观察

(1)切断眼球与眼眶壁的肌肉以及视神经,取出一侧眼球。

(2)在**眼球壁最外层**观察到的为**纤维膜**(Tunica fibrosa),厚而坚韧。纤维膜又可分为白色不透明的**巩膜**(Sclera)和前方无色透明的**角膜**(Cornea)。

（3）沿角膜-巩膜交界处做一环形切口，去除角膜后观察到的腔隙为**眼房**（Eye chamber），内有**眼房水**（Ocular humor），眼房内在晶状体之前可观察到一圆盘状的有色薄膜，为**虹膜**（Iris），其周缘连于睫状体，中央有一**瞳孔**（Pupil），瞳孔的放大与缩小可调节进入眼球的光线。

（4）去除虹膜，可观察到一无色透明的圆形双凸透镜样结构，为**晶状体**（Lens），其周缘附着于睫状突，睫状肌的收缩与舒张可调节晶状体的凸度以调节物像的聚焦。

（5）在晶状体周缘做一环形切口，去除晶状体，在其深面可观察到一无色透明的半流动状胶体，为**玻璃体**（Vitreous body），玻璃体的主要功能为支持视网膜和折光。

（6）小心去除玻璃体，在眼球壁的最内层可观察到一灰白色的薄膜，为**视网膜**（Retina），视网膜具有感光能力。在视网膜后部可观察到一卵圆形白斑，表面略凹，即为**视神经乳头**（Papilla nervi optici），视神经纤维由此穿出视网膜，由于视神经乳头没有感光能力，故又称之为**盲点**（Blind spot）；在视神经乳头外上方的视网膜中央，有一圆形小区，感光最敏锐，称**视网膜中心**（Foveal region of retina）。

（7）小心剥离视网膜，在深面可观察到暗褐色的**脉络膜**（Choroid），在视神经乳头上方的脉络膜上可观察到一带金属光泽的三角形区域，称**照膜**（Tapetum），照膜具有很强的反光能力，可增强动物在暗光环境下的视觉。

（8）在脉络膜和虹膜相连处的增厚结构为**睫状体**（Ciliary body）。睫状体包括内侧的睫状突和外侧的睫状肌，呈环状围于晶状体周围，主要参与晶状体凸度的调节。

（9）脉络膜、睫状体和虹膜合称**血管膜**（Tunica vasculosa），为眼球壁的中层。

（三）犬位听器官的观察

（1）犬的**位听器官**包括**位觉器官**（Position sense organ）和**听觉器官**（Auditory organ）两个部分，虽然两者的功能截然不同，但两者在结构上是一个有机整体。位听器官由**外耳**（External ear）、**中耳**（Middle ear）和**内耳**（Internal ear）构成。其中，内耳同时含有听觉感受器和位觉感受器。

（2）在体表可直接观察到**耳廓**（Auricle，图 14-1），耳廓是耳直接与外界相通的部分，其主要功能是收集声波。耳廓以软骨为基础，内、外侧覆有皮肤，在腮腺部与外耳道相连。

（3）在耳廓基部到鼓膜之间可观察到一条管道，为**外耳道**（External auditory meatus），其外侧部是软骨性外耳道，下部为骨性外耳道。

（4）在外耳道的尽头可观察到一坚韧而富有弹性的半透明纤维膜，为**鼓膜**（Tympanic membrane，图 14-1），鼓膜是外耳和中耳的分界，其富含血管，受感觉神经纤维支配，其功能为将声波的振动传

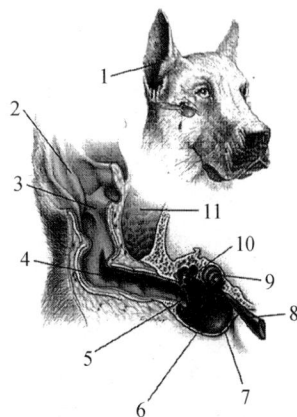

图 14-1　耳模式图

1.耳廓　2.耳软骨　3.垂直耳道
4.水平耳道　5.鼓膜　6.中耳道
7.鼓室　8.听道　9.耳蜗
10.听小骨　11.颞肌

到内耳。

（5）用骨凿小心敲开颞骨的鼓泡，可观察到颞骨的鼓泡内有一含气空腔，为**鼓室**（Tympanic cavity，图14-1），鼓室与外耳道之间以鼓膜为界。

（6）在鼓室内可见三块听小骨，与鼓膜接触的称为**锤骨**（Malleus），与内耳前庭窗相连的称为**镫骨**（Stapes），连于两骨之间的为**砧骨**（Incus），这三块听小骨可将鼓膜的振动传到内耳。

（7）鼓室内还可见一孔道与鼻咽部相通，为咽鼓管，主要参与鼓室内外气压差的调节。

（8）内耳是盘曲于颞骨岩部内的管道系统，由骨迷路和膜迷路构成。

（9）将敲开的鼓泡开口扩大，在镫骨附着处用骨凿小心敲开骨质，可观察到位于骨质内的**骨迷路**（Osseous labyrinth），包括前庭、骨半规管和耳蜗。

（10）嵌套于骨迷路内的膜结构为**膜迷路**（Membranous labyrinth），其包括位于前庭内的**椭圆囊**（Utriculus）和**球囊**（Sacculus）、位于骨半规管内的**膜半规管**（Semicircular duct）和位于耳蜗内的**耳蜗管**（Cochlear duct）。声波在耳蜗管内的**螺旋器**（Spiral organ）上转化为神经冲动，经前庭耳蜗神经传出。

三、生活中的解剖学

（一）红眼病与沙眼的区别

红眼病在医学上称传染性结膜炎，表现为不同程度的球结膜充血水肿，在角膜与结膜表面有黏性或脓性分泌物。**沙眼**是由沙眼衣原体引起的一种慢性传染性结膜炎，因其在睑结膜表面形成粗糙不平的外观，形似沙粒，故名沙眼。

（二）拍照时为什么会有红眼现象？

在暗环境下拍摄时，由于瞳孔放大，闪光灯的光线大量进入，因此视网膜的血管就会在照片上产生泛红现象。消除该现象可先开启闪光灯或给予拍摄对象明亮光线，让瞳孔缩小，之后再拍摄。

（三）咽鼓管的妙用

咽鼓管连通鼓室与鼻咽部，有平衡鼓膜内外侧气压的作用。打哈欠或吞咽动作可临时开放咽鼓管口。在飞机起飞与降落阶段、高层建筑中的电梯升降过程中或突然出现巨大声响（如爆炸）时，由于气压的骤变会使鼓膜内外的气压差失衡，从而引起鼓膜的不适。此时可通过打哈欠、吞咽唾液、饮水或吃零食等方式，平衡鼓膜内外的气压差，消除鼓膜不适感。

（四）为什么有人会晕车？

不少人会有晕车（晕船、晕机）的体验（恶心、呕吐、出冷汗等），这种感觉在汽车启动、加减速、刹车、船舶晃动、颠簸以及飞机起降时尤为明显。这是由于体位的迅速变化可刺激前庭内的椭圆囊和球囊并使之产生神经冲动。每个人对这些刺激的耐受有一个限度（阈值），当刺激的强度超过此阈值即产生晕车病。预防晕车，可以选择靠前与靠窗的位置、闻姜片或橘皮、行车途中不玩手机（不看书报）以及口服晕车药（使用晕车贴）等。

四、填图练习

请在下图中写出数字所指示结构的名称。

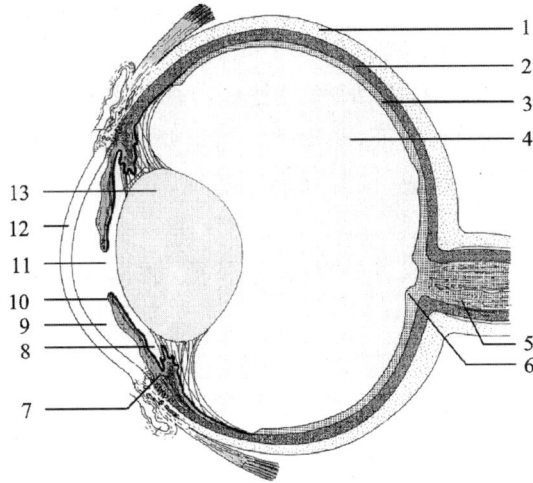

实验十五　鸡的解剖

一、实验目的

(1)掌握鸡气囊的分布及其功能。

(2)掌握鸡消化系统的组成、位置、形态、构造和功能,并比较它们与主要家畜动物的异同。

(3)掌握鸡肾的位置与形态特征,并比较它与主要家畜动物的异同。

(4)掌握公鸡生殖系统的组成、位置与形态特征,并比较它们与主要雄性家畜动物生殖系统的异同。

(5)掌握母鸡生殖系统的组成、位置与形态特征,并比较它们与主要雌性家畜动物生殖系统的异同。

二、实验内容和实验方法

(一)鸡的处死

用手将鸡的口腔打开,将手术剪伸入其口腔直到手术剪尖端抵达口腔顶壁后部,之后将此处的颈总动脉剪断并放血。待鸡死亡后,将其浸入约 90℃ 的热水中,约 30s 后提起,迅速拔毛。

(二)肌肉的观察

禽类肌肉按部位可分为头颈、躯干、前肢和后肢肌,另外,禽类皮下有薄而广泛的皮肌,分布于颈部、躯干和四肢,主要与皮肤的羽区联系,控制皮肤的紧张和羽囊的活动。

(1)沿胸腔与腹腔的腹侧正中线切开皮肤,在左、右肩关节、左、右膝关节以及颈-胸交界处将皮肤做一环切,并向背侧将皮肤掀起,暴露浅层肌肉。在切割皮肤时应注意避免损伤肌肉。

(2)在胸椎棘突、棘上韧带和肱骨内侧之间可观察到**背阔肌**;切断背阔肌,在其深层可观察到**菱形肌**;在胸骨、锁骨和肱骨之间能观察到胸部最大的肌肉为**胸肌**,胸肌是参与飞翔活动的主要肌肉;在肱骨背侧的肩胛骨、锁骨近端和肱骨近端之间可观察到**三角肌**;在肱骨外侧的肱骨近端、乌喙骨、桡骨近端和尺骨近端之间可观察到**臂二头肌**;在肱骨内侧的肩胛骨、肱骨近端、肱骨骨体以及尺骨鹰嘴之间可观察到**臂三头肌**。

(3)在股部前外侧缘的髂骨嵴、胸椎和膝盖骨之间可观察到**髂胫前肌**;在臀部和股部外侧的髂骨嵴与小腿筋膜之间可观察到的三角形薄肌为**髂胫外侧肌**（又称扩筋膜张肌）；切断髂胫外侧肌，在其深层可观察到**髂腓肌**（又称股二头肌）；在髂腓肌前方以及髂胫外侧肌深层可观察到**股胫肌**（相当于股四头肌）；在坐骨、耻骨和股骨的后面可观察到耻坐骨肌（相当于内收肌），在小腿骨后方可观察到的最发达肌肉为**腓肠肌**。

（4）与家畜动物相似，在肋间也能观察到肋间外肌和肋间内肌，共同参与呼吸运动。特殊的，禽类无膈肌。

（5）类似于家畜动物的腹壁肌，鸡的腹壁肌也分为四层：位于腹部最外层的为**腹外斜肌**；在腹部背侧切断腹外斜肌，在其深层可观察到**腹内斜肌**；掀开腹外斜肌，在胸骨后外侧、最后肋骨和耻骨之间可观察到**腹直肌**；腹壁的最内层肌肉为**腹横肌**。为观察气囊需要，在观察腹壁肌时仅切断腹外斜肌，注意保留腹内斜肌、腹直肌和腹横肌的完整性。

（三）呼吸系统观察

（1）在咽底壁的气管前端找到喉，可观察到喉口呈缝状，仅有一枚环状软骨和一对勺状软骨，无会厌软骨和甲状软骨。沿喉背侧剪开喉腔，观察到喉腔内无声带。

（2）在颈腹侧找到并游离气管，将其切断，在气管的近心端插入胶头滴管（不带胶头），用洗耳球不断向玻璃滴管内吹气（在每次松开洗耳球之前务必将气管捏紧，防止吹进的气体溢出），经洗耳球多次吹气后可观察到鸡的腹部和颈部皮下有明显鼓胀，此时可用棉绳将气管结扎并抽出玻璃导管。将鸡侧卧，小心切开颈部皮肤，可观察到皮下有一对透明气囊，即为**颈气囊**；小心切断腹直肌、腹横肌，可观察到一对**腹气囊**（图 15-1）；沿一侧胸、腹壁的侧壁做一前后贯穿的切口，将胸壁向腹侧掀起，完全暴露胸腔与腹腔，可观察到一个锁骨间气囊、一对胸前气囊和一对胸后气囊（图 15-2）。

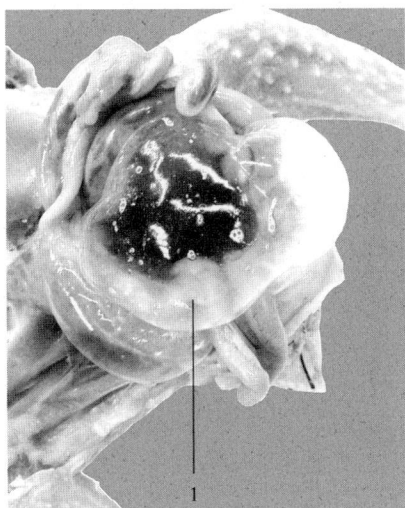

图 15-1　鸡的腹气囊
1.腹气囊

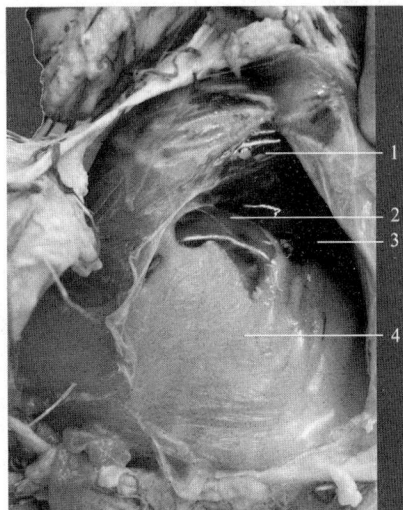

图 15-2　鸡的气囊
1.胸后气囊　2.腹气囊　3.肝　4.脂肪

（3）在颈部腹侧找到气管，在胸前口处剪开胸腔侧壁，在心基背侧可观察到气管分出左、右支气管入肺，在分叉处可观察到一"夹扁"的气管，即为**鸣管**（Syrinx，图 15-3）。左、右支气管经肺门入肺，出肺后连于腹气囊。在胸腔背侧可观察到粉红色的肺（图 15-3），呈扁平的四边形嵌入肋间，表面有较深的肋压迹。

（四）消化系统的观察

（1）在颈部腹侧正中剪开皮肤，沿食管向下追踪，在颈中部腹侧可观察到食管与气管一同偏于颈部右侧，且食管在胸前口处膨大为**嗉囊**（Crop）。嗉囊是暂时存储食物的器官。

（2）在腹腔左侧的两肝叶之间，可观察到食管与**腺胃**（Glandular stomach）相连。腺胃之后为**肌胃**（Muscular stomach，图 15-4），俗称鸡胗。

（3）沿纵轴切开腺胃与肌胃，在腺胃黏膜表面可观察到 20～40 个腺胃乳头，是深层腺导管的开口；在肌胃黏膜表面可观察到一层黄色的类角质膜，俗称肫皮，晒干的肫皮俗称鸡内金，可入药。

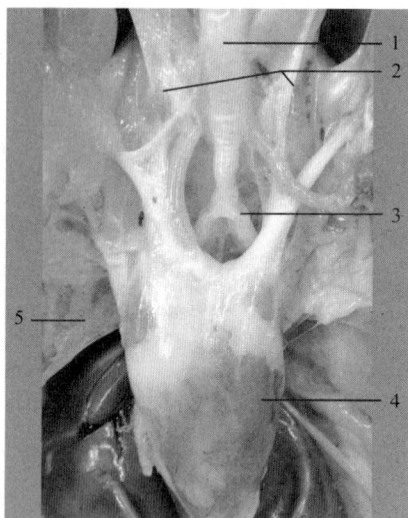

图 15-3　鸡的鸣管与甲状腺
1.气管　2.甲状腺　3.鸣管　4.心脏　5.肺

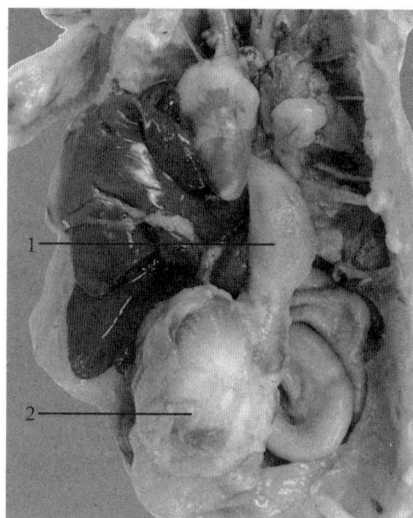

图 15-4　鸡的腺胃与肌胃
1.腺胃　2.肌胃

（五）泌尿系统的观察

（1）鸡的泌尿系统包括肾和输尿管，没有膀胱。

（2）在肺的后方以及大肠背侧，可观察到红褐色的**肾**，其深居于腰荐骨两旁和髂骨的肾窝内，从前向后可分为前部、中部和后部（图 15-5，图 15-6）。

（3）在肾的中部可观察到**输尿管**在此发出，沿肾的腹侧向后延伸，开口于泄殖道顶壁的两侧。与家畜动物相比，鸡的肾无肾门，血管和输尿管直接在肾的表面进出。

（六）公鸡生殖系统的观察

（1）公鸡的生殖系统包括睾丸、附睾、输精管和交配器，与家畜动物相比鸡无副性腺。

（2）在腹腔内肾前部的腹侧可观察到**睾丸**（图 15-5），睾丸借短系膜悬挂于体壁，其体表投影位于最后椎肋上部。

（3）在睾丸背内侧可观察到较小的**附睾**，但不易观察到。

（4）在肾脏表面可观察到与输尿管伴行的**输精管**，因其中含有精子而呈乳白色，输精管最终开口于泄殖道内，与家畜动物不同，鸡的输精管是精子的主要储存场所。

（5）将肛门背侧唇剪开，在肛门腹侧唇的背侧面以及泄殖腔肛道的底壁上，可观察到交配器。公鸡的**交配器**包括一对输精管乳头、淋巴褶、一对泄殖腔旁血管体和阴茎突。

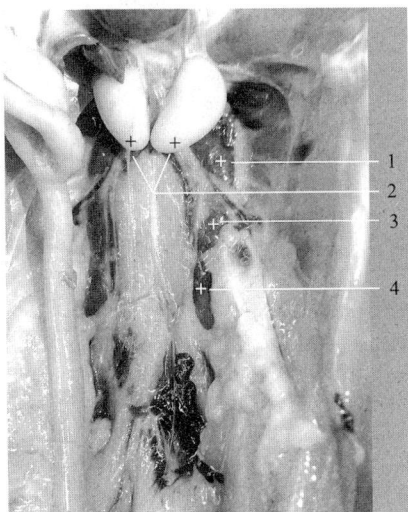

图 15-5　鸡的肾与睾丸
1.肾前部　2.睾丸　3.肾中部　4.肾后部

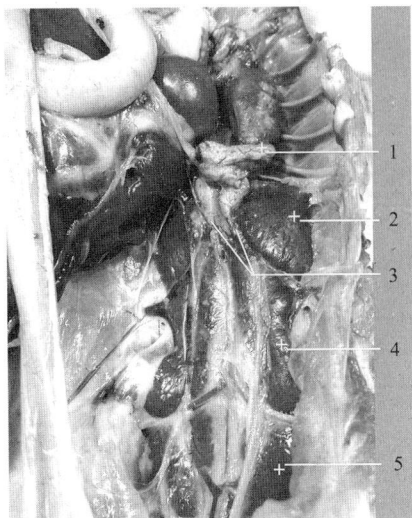

图 15-6　鸡的肾与卵巢
1.卵巢　2.肾前部
3.肾上腺　4.肾中部　5.肾后部

（七）母鸡生殖系统的观察

（1）母鸡的生殖系统包括卵巢和输卵管，但仅左侧生殖系统发育，右侧生殖系统在胚胎发育过程中停滞而退化。

（2）在左肾前部的腹侧可观察到**卵巢**（图 15-6）。卵巢随年龄增长和性活动不断发育。雏鸡的卵巢为扁平椭圆形，产蛋期的卵泡因储积大量卵黄而突出卵巢表面，借细柄连于卵巢，整个卵巢呈葡萄状。

（3）在性成熟母鸡的腹腔内能观察到非常发达的**输卵管**。输卵管从前到后依次分为最前部薄而成伞状的**漏斗部**、长而弯曲且呈灰白色的**膨大部**、短而细的**峡部**、呈囊状的**子宫部**（常在此处见到即将成型的鸡蛋）和最后呈"S"形的**阴道部**，最终开口于泄殖道的左侧。

（八）淋巴系统的观察

（1）鸡的淋巴系统包括胸腺、腔上囊和脾，特殊的，鸡无淋巴结。

（2）在颈部两侧皮下可各观察到 7 叶椭圆片状腺体，即为**胸腺**，其在性成熟前达到最大，之后逐渐退化。

（3）在直肠与泄殖腔交界处的背侧可观察到一白色球形腺体，为**腔上囊**（Cloacal

bursa)——又称**法氏囊**,其在性成熟时达到最大,之后逐渐退化。腔上囊是 B 淋巴细胞发育的中枢。

(4)在腺胃与肌胃交界处右侧可观察到一钝三角形、质软、红褐色的腺体,即为**脾**。

(九)内分泌系统的观察

(1)在胸腔入口处气管的两侧、颈总动脉与锁骨下动脉分叉处的前方,可观察到一对**甲状腺**(图15-3),与主要家畜动物的甲状腺相比,鸡的甲状腺无峡部。甲状腺的分泌物为甲状腺素,可促进机体生长发育。

(2)在前肾的前端以及睾丸或卵巢的背内侧,可观察到一橘黄色腺体,呈卵圆形、锥形或不规则形(图15-7),即为**肾上腺**。肾上腺的分泌物主要参与机体电解质平衡,促进蛋白质和糖的代谢,影响性腺、腔上囊和胸腺等的活动。

(十)感觉器官的观察

1. 眼

(1)鸡的眼包括眼球和辅助器官。在鸡的面部可观察到发达的眼睑,在眼球表面还可观察到明显的**瞬膜**。

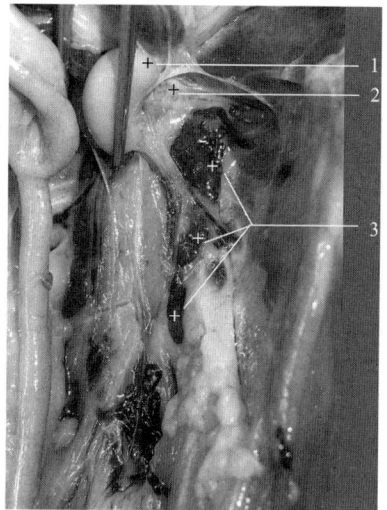

图 15-7　鸡肾上腺

1.睾丸　2.肾上腺　3.肾

(2)在眼角处剪开上、下眼睑,完全暴露瞬膜,在瞬膜上可观察到棕黄色的椭圆形片状结构为**瞬膜腺**或**哈德氏腺**,内含丰富的淋巴组织,其分泌物有清洁和湿润眼球的作用。

(3)在眼眶内找到眼球与眼眶壁的肌肉联系,可观察到鸡的眼球只有两块斜肌和四块直肌。

(4)切断眼球肌,游离眼球,可观察到眼球壁最外层的前方为透明的**角膜**,后方为坚硬且呈白色的**巩膜**。沿角膜与巩膜交界处切开眼球壁,可观察到虹膜、晶状体和睫状体。取出虹膜、晶状体、睫状体,可观察到透明的玻璃体,取出玻璃体可观察到眼球壁最内层的**视网膜**,特殊的,视网膜与玻璃体之间有呈梳状的**栉膜**(Pecten)相连。小心剥离视网膜,可观察到**脉络膜**,脉络膜上无照膜。

2. 位听器官

鸡的耳也分外耳、中耳和内耳。特殊的,外耳无耳廓,仅有外耳道;鼓膜位于外耳道尽头;中耳内的听小骨只有一块,称**耳柱骨**;内耳与家畜动物相似,也由骨迷路和膜迷路构成。

三、生活中的解剖学

(一)超稳定的"摄像鸡"

据说鸡头是世界上最稳定的系统。大概是因为鸡脑不够发达,不能处理动态的图像,它们会试图保持头部的静止以便获得静止的图像,从而更清晰地看清物体。所以,有个摄影师做了个携带摄像机的头盔绑在鸡头上,从而可以在不稳定的环境中拍出稳定的影像。

(二)成语"牝(pìn)鸡司晨"的科学依据

该成语释义为雌鸡像雄鸡那样鸣啼,指母鸡报晓。这种现象虽少见,但确有其事。由于母鸡的卵巢不对称发育,母鸡的左、右侧生殖腺在胚胎期同时存在,左侧生殖腺可正常发育为卵巢,右侧生殖腺在发育过程中则处于抑制状态。成年后,若某些因素(如噪声、特殊疾病或外界射线)引起内分泌紊乱或左侧卵巢受到损伤,会使右侧生殖腺受到的抑制消失,则右侧生殖腺重新发育为睾丸并产生雄性激素,最终使母鸡出现雄性第二性征,这一现象称为"性反转",此现象只表现出性腺与第二性征的变化,而不涉及性染色体的改变。

(三)山外有山,"蛋中有蛋"

"蛋中蛋"较少见,但也不时出现在国内外的新闻报道中。在生理条件下,母鸡排出的卵泡会在输卵管子宫部形成蛋壳。关于"蛋中蛋"的成因有较多推论,有一种推论认为,若在输卵管子宫部形成蛋壳时母鸡受到外界刺激,输卵管出现逆蠕动,则会使已经形成的鸡蛋重新返回到输卵管的上部,在输卵管膨大部重新被蛋白包裹,之后再运行到子宫部重新被蛋壳包裹,最终形成"蛋中蛋"。偶然的"蛋中蛋"纯属巧合,与鸡的健康状况无关。

(四)奇怪的"无黄蛋"

在鸡蛋中偶见特别小的蛋,大小约为正常鸡蛋的 1/10,相当于鸽蛋大小,通常缺少蛋黄。这是由于异物(如脱落的黏膜组织)或小的凝血块(由于排卵时卵泡出血所致)等落入输卵管内,刺激输卵管膨大部分泌蛋白,之后如正常鸡蛋形成那样下行到子宫部被蛋壳包裹,于是形成了一个没卵黄的"无黄蛋",偶然出现的"无黄蛋"仅仅是一种巧合。

附录一　浙江大学动物科学学院"动物解剖学"课堂教学改革初探

　　"动物解剖学"是动物医学和动物科学专业的骨干课程之一,是基础兽医学的重要组成部分,也是一门重要的专业基础课,为学生进一步学习其他专业课程奠定基础,在动物学相关专业中具有极其重要的地位。但是,该课程学习的最突出困难是需要记忆大量的专业名词以及书本内容的枯燥与抽象,这在很大程度上限制了学生的学习兴趣,不利于后期专业课程的学习。

　　在目前的教学模式中,要想学好"动物解剖学"就需要学生在课堂上高度集中注意力,同时做好课前预习与课后复习工作,一旦没能跟上教师的节奏就极易成为"课堂手机党",极大地影响个人与他人的学习质量。所有这些问题的根源就在于学生是被动学习者。因此,如何将学生转变为主动学习者是解决这些问题的关键。

　　课后作业是促使学生复习课堂教学内容的重要手段,实际上很多学生则是通过抄写教材来应付老师布置的课后作业,使课后作业失去其应有的功能。

　　浙江大学动物科学学院的"动物解剖学"课程将传统的文字抄写作业改为素描绘图(学生针对教师指定的器官选取实物或照片进行素描绘图),学生的绘图过程实际上就是对上课内容的复习,同时,绘图形式的新颖性会让学生乐于完成课后作业,从而大大提高学生课后复习的主动性。

　　我们在给学生布置绘图作业的同时,还从多方面调动学生的绘图积极性:首先,每次课前挑选优秀绘图作品进行班级内展示,让"正能量"在班级内传递;其次,在学期末挑选优秀绘图作品在学院内举办绘画展,在学院范围内营造浓厚的学术氛围;再次,通过微信公众平台对画作进行投票,对优秀绘图作品给予一定的物质奖励。

　　目前,该模式已应用于浙江大学动物科学学院 2013 级与 2014 级本科生的"动物解剖学"教学中,同学们普遍对此表示欢迎。有同学认为这些画作是他们人生的"巅峰之作",有同学反映"画图的过程对解剖结构产生了形象的记忆",有同学说"素描这个作业花的时间有些长,但是画完之后就有满满的成就感",还有同学说"看到那一幅幅画作,就觉得世界圆满了"。

　　附件是浙江大学动物科学学院 2014 级本科生解剖学课程部分学生的画作。

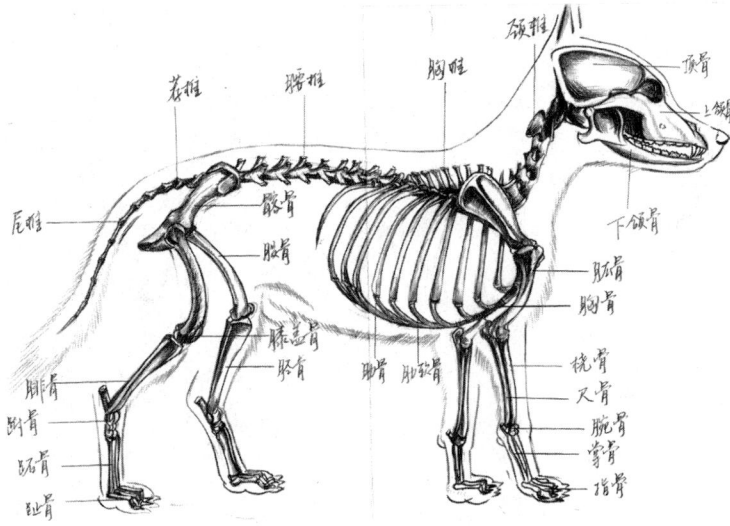

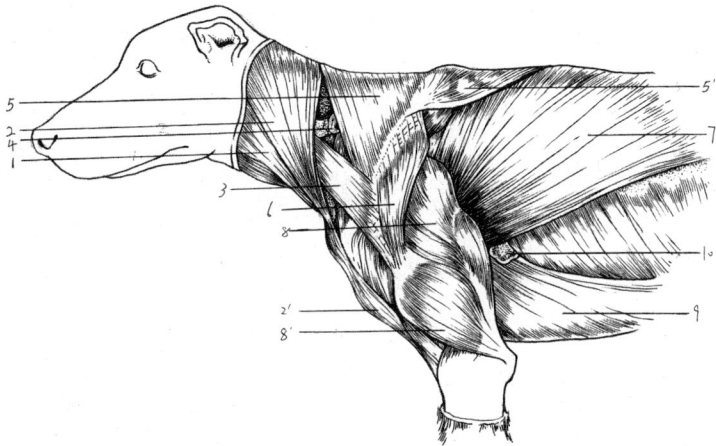

犬肩带部肌肉

1.胸头肌　2.镇颈肌　2'.镇臂肌　3.肩胛横突肌　4.颈浅淋巴结
5.颈斜方肌　5'.胸斜方肌　6.三角肌　7.背阔肌　8.臂三头肌长头　8'.臂三头肌外侧头
9.胸深肌　10.腋副淋巴结

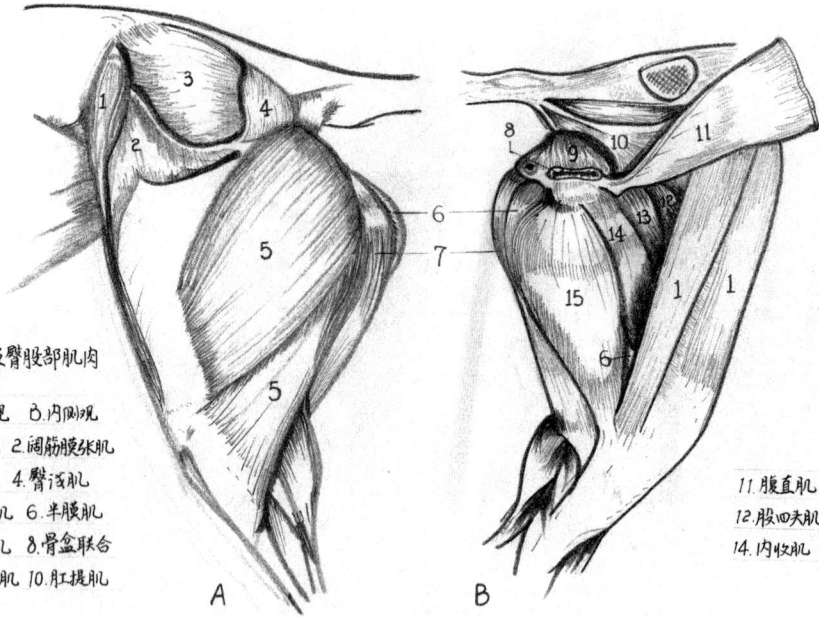

犬后肢臀股部肌肉

A.外侧观　B.内侧观

1.缝匠肌　2.阔筋膜张肌
3.臀中肌　4.臀浅肌
5.股二头肌　6.半膜肌
7.半腱肌　8.骨盆联合
9.闭孔内肌　10.肛提肌

11.腹直肌
12.股四头肌　13.耻骨肌
14.内收肌　15.股薄肌

A　　　　B

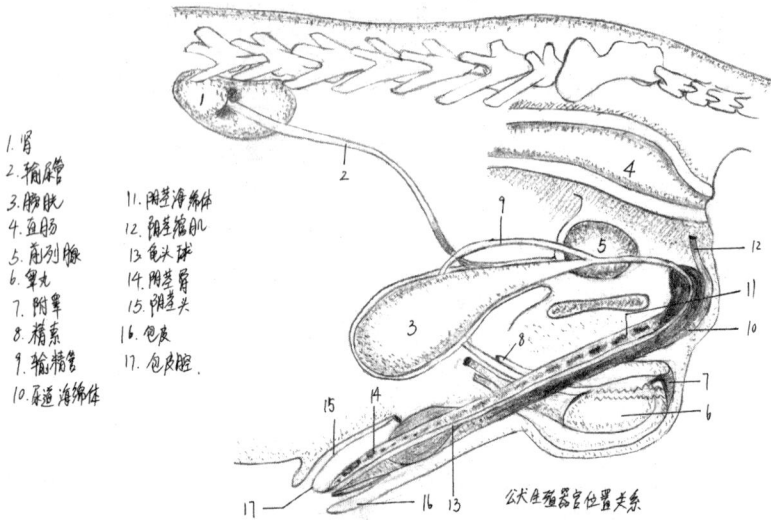

1.肾
2.输尿管
3.膀胱
4.直肠
5.前列腺
6.尿光
7.附睾
8.精索
9.输精管
10.尿道海绵体

11.阴茎海绵体
12.阴茎缩肌
13.龟头球
14.阴茎脚
15.阴茎头
16.包皮
17.包皮腔

公犬生殖器官位置关系

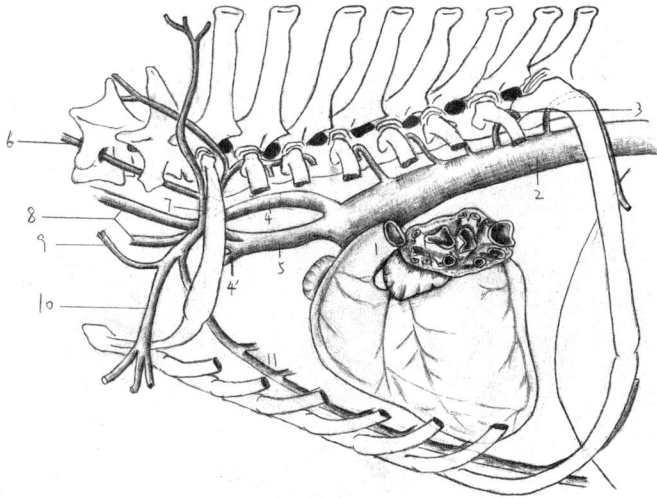

犬 臂头动脉总干的分支

1.肺动脉干　2.主动脉　3.肋间动脉　4.左锁骨下动脉　4'.右锁骨下动脉

5.臂头动脉干　6.椎动脉　7.肋颈动脉干　8.左、右颈总动脉　9.颈浅动脉

10.腋动脉　11.胸廓内动脉

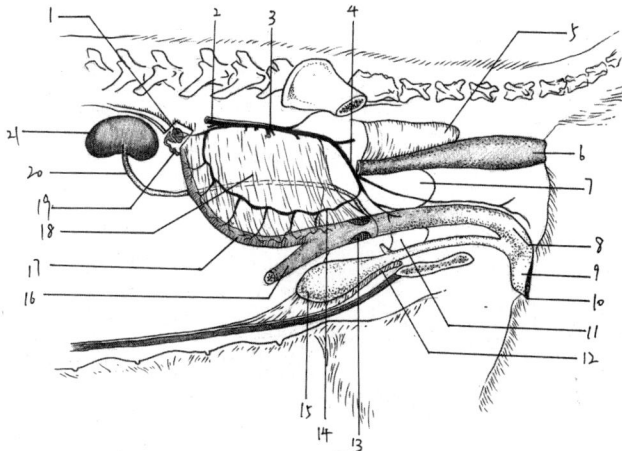

母犬 生殖器官位置关系

1.卵巢　2.卵巢动脉　3.髂内动脉　4.阴道动脉

5.直肠系膜　6.直肠　7.直肠生殖陷凹　8.阴道

9.尿生殖前庭　10.阴门　11.膀胱生殖陷凹　12.耻骨膀胱陷凹

13.子宫颈　14.子宫动脉　15.膀胱　16.子宫体　17.子宫角

18.子宫阔韧带　19.输卵管　20.输尿管　21.肾

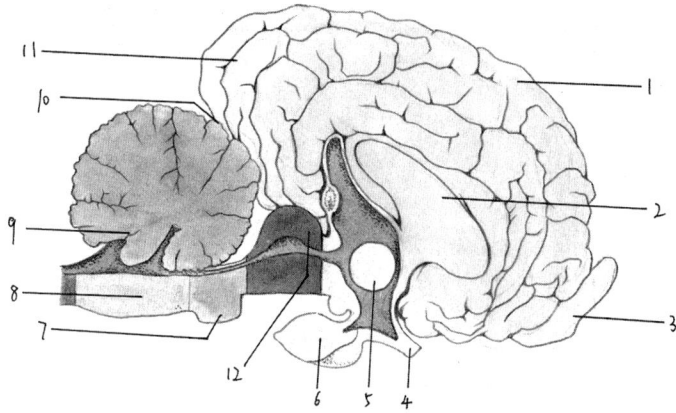

马脑的正中矢状面

1.大脑皮质顶叶　　2.胼胝体　　3.嗅球　　4.视神经

5.丘脑黏合部　　6.脑垂体　　7.脑桥　　8.延髓

9.小脑　　10.大脑横裂　　11.大脑皮质额叶　　12.四叠体

附录二 "动物解剖学"教学相关数字化资源

正文中教学视频二维码索引

二维码序号	实验序号	名称	页码
二维码 1	实验四	肩部肌（视频）	23
二维码 2	实验四	臂三头肌和臂二头肌（视频）	23
二维码 3	实验九	卵巢和子宫（视频）	58
二维码 4	实验十二	脑神经（视频）	81

中国大学 MOOC－爱课程（精品开放课程——动物解剖学）

http://www.icourses.cn/coursestatic/course_6300.html

二维码 5

二维码 6

新浪优秀微博 1：李哲教你学解剖

http://weibo.com/30860886？from＝myfollow_all＆is_all＝1

新浪优秀微博 2. 人体科学微课堂

http://weibo.com/p/100808aec2d2845fa6ae255c17afa1125f81e6? k＝人体科学微课堂 &from＝501&_from_＝huati_topic

二维码 7

新浪优秀微博 3. 大连隋鸿锦

http://weibo.com/u/1596534560? from＝myfollow_all&is_all＝1

二维码 8

新浪优秀微博 4. 生命奥秘博物馆

http://weibo.com/shengmingaomi? from＝feed&loc＝at&nick＝生命奥秘博物馆 &is_hot＝1

二维码 9

新浪优秀微博 5. 周庄生命奥秘博物馆

http://weibo.com/u/5223985505? from＝feed&loc＝at&nick＝周庄生命奥秘博物馆 &is_hot＝1

二维码 10

参考答案

实验一 （略）

实验二 骨

图甲

1. 切齿骨　2. 颧骨　3. 下颌骨　4. 寰椎　5. 枢椎　6. 胸椎　7. 腰椎

8. 尾椎　9. 肋软骨　10. 肋骨　11. 肩胛骨　12. 肱骨　13. 尺骨　14. 桡骨

15. 指骨　16. 掌骨　17. 髋骨　18. 股骨　19. 膝盖骨　20. 腓骨　21. 胫骨

22. 跖骨　23. 趾骨　A. 肩关节　B. 肘关节　C. 腕关节　D. 髋关节

E. 膝关节　F. 跗关节

图乙

1. 肩胛骨内侧面　2. 肱骨小结节　3. 肱骨头　4. 肱骨　5. 鹰嘴　6. 桡骨

7. 尺骨　8. 副腕骨　9. 中间桡腕骨　10. 掌骨　11. 近指节骨　12. 中指节骨

13. 远指节骨

图丙

1. 髂骨翼　2. 荐结节　3. 髋结节　4. 坐骨大切迹　5. 坐骨棘

6. 坐骨小切迹　7. 耻骨　8. 闭孔　9. 坐骨　10. 坐骨结节　11. 股骨

12. 膝盖骨　13. 腓骨　14. 胫骨　15. 跟骨　16. 距骨　17. 中间跗骨

18. 跖骨　19. 趾骨

实验三、实验四、实验五 （略）

实验六 呼吸系统

1. 会厌软骨　2. 勺状软骨　3. 甲状软骨　4. 环状软骨　5. 气管软骨

实验七 泌尿系统

图甲

1. 后腔静脉　2. 肾上腺　3. 左肾　4. 输尿管　5. 腹主动脉　6. 肾动脉

7. 肾静脉

图乙

1. 右肾　2. 右侧输尿管　3. 膀胱　4. 直肠　5. 输精管　6. 尿生殖道骨盆部

7. 尿生殖道阴茎部　8. 附睾　9. 睾丸　10. 包皮　11. 阴茎头　12. 阴茎骨

实验八 雄性生殖系统

1. 膀胱　2. 输尿管　3. 输精管　4. 前列腺　5. 尿生殖道骨盆部

6.膀胱三角　7.输尿管口

实验九　雌性生殖系统

1.输卵管　2.卵巢　3.子宫角　4.子宫体　5.膀胱　6.直肠　7.尿道
8.阴道

实验十　心血管系统

1.左、右颈总动脉　2.右锁骨下动脉　3.左锁骨下动脉　4.臂头动脉干
5.肺动脉　6.主动脉弓

实验十一　淋巴系统

1.腮腺淋巴结　2.下颌淋巴结　3.颈浅淋巴结　4.腋淋巴结
5.髂下淋巴结　6.腘深淋巴结

实验十二　神经系统

1.大脑　2.胼胝体　3.间脑　4.中脑　5.脑桥　6.延髓　7.小脑

实验十三　（略）

实验十四　感觉器官

1.纤维膜　2.血管膜　3.视网膜　4.玻璃体　5.视神经　6.视神经乳头
7.睫状体　8.眼后房　9.眼前房　10.虹膜　11.瞳孔　12.角膜
13.晶状体

参考文献

[1]陈耀星.畜禽解剖学[M].3 版.北京:中国农业大学出版社,2010.

[2]陈义泉,袁太珍.临床骨关节病学[M].北京:科学技术文献出版社,2010.

[3]董常生.家畜解剖学[M].4 版.北京:中国农业出版社,2009.

[4]彭克美.畜禽解剖学[M].2 版.北京:高等教育出版社,2009.

[5]于建华,李晓辉.人工关节置换与翻修[M].北京:人民卫生出版社,2010.

[6]König H E,Liebich H G. 家畜兽医解剖学教程与彩色图谱[M].陈耀星,刘为民,译.北京:中国农业大学出版社,2009.

[7]郑树森.外科学[M].北京:高等教育出版社,2004.

[8]邓长生,夏冰.十二指肠疾病[M].北京:人民卫生出版社,2002.

[9]张泰昌.实用大肠肛门病学[M].北京:北京科学技术出版社,2007.

[10]侯加法.小动物疾病学[M].北京:中国农业出版社,2006.

[11]安铁洙,谭建华,韦旭斌.犬解剖学[M].吉林:吉林科学技术出版社,2003.

[12]雷治海.动物解剖学实验教程[M].北京:中国农业大学出版社,2006.

[13]叶任高,李幼姬,刘冠贤.临床肾脏病学[M].2 版.北京:人民卫生出版社,2007.

[14]Done S H,Goody P C,Evans S A,Stickland N C.犬猫解剖学彩色图谱[M].林德贵,陈耀星,译.沈阳:辽宁科学技术出版社,2006.

[15]陈北亨,王建辰.兽医产科学[M].北京:中国农业出版社,2000.

[16]赵兴绪.兽医产科学[M].4 版.北京:中国农业出版社,2009.

[17]谢幸,苟文丽.妇产科学[M].8 版.北京:人民卫生出版社,2014.

[18]胡盛寿,黄方炯.冠心病外科治疗学[M].北京:科学出版社,2003.

图书在版编目(CIP)数据

动物解剖学实验指导 / 李剑主编. —杭州:浙江大学出版社,2016.12
ISBN 978-7-308-16142-8

Ⅰ.①动… Ⅱ.①李… Ⅲ.①动物解剖学—实验—教材 Ⅳ.①Q954.5-33

中国版本图书馆 CIP 数据核字(2016)第 194253 号

动物解剖学实验指导
主编 李 剑

丛书策划 阮海潮(ruanhc@zju.edu.cn)
责任编辑 阮海潮
责任校对 潘晶晶 秦 瑕
封面设计 续设计
出版发行 浙江大学出版社
(杭州市天目山路148号 邮政编码 310007)
(网址:http://www.zjupress.com)
排 版 杭州星云光电图文制作有限公司
印 刷 杭州日报报业集团盛元印务有限公司
开 本 787mm×1092mm 1/16
印 张 7.5
字 数 187千
版 印 次 2016年12月第1版 2016年12月第1次印刷
书 号 ISBN 978-7-308-16142-8
定 价 28.00元

浙江大学出版社发行中心联系方式:(0571) 88925591; http://zjdxcbs.tmall.com

互联网+教育+出版

立方书

教育信息化趋势下，课堂教学的创新催生教材的创新，互联网+教育的融合创新，教材呈现全新的表现形式——教材即课堂。

轻松备课　分享资源　发送通知　作业评测　互动讨论

"一本书"带走"一个课堂"　教学改革从"扫一扫"开始

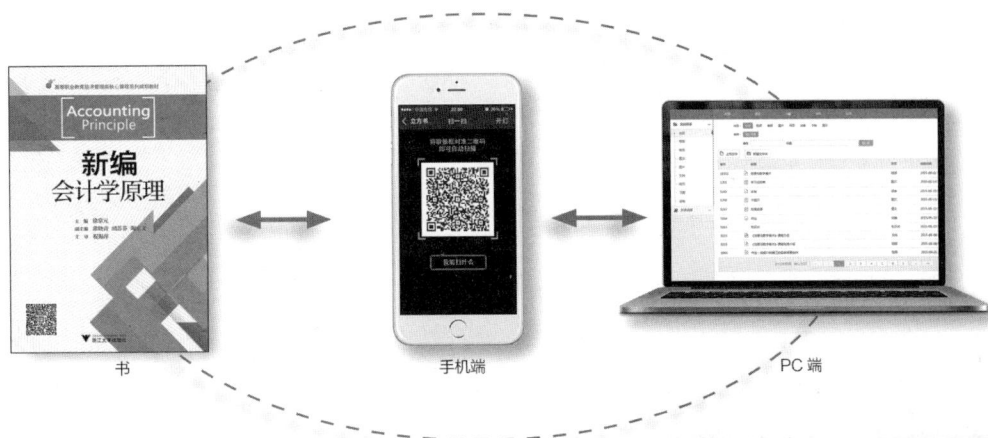

书　　　　　　　手机端　　　　　　PC端

打造中国大学课堂新模式

【创新的教学体验】

开课教师可免费申请"立方书"开课，利用本书配套的资源及自己上传的资源进行教学。

【方便的班级管理】

教师可以轻松创建、管理自己的课堂，后台控制简便，可视化操作，一体化管理。

【完善的教学功能】

课程模块、资源内容随心排列，备课、开课，管理学生、发送通知、分享资源、布置和批改作业、组织讨论答疑、开展教学互动。

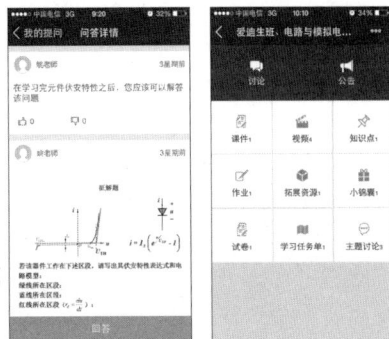

扫一扫　下载APP

教师开课流程

➡ 在APP内扫描封面二维码，申请资源
➡ 开通教师权限，登录网站
➡ 创建课堂，生成课堂二维码
➡ 学生扫码加入课堂，轻松上课

网站地址：www.lifangshu.com
技术支持：lifangshu2015@126.com；电话：0571-88273329